知识生产的原创基地
BASE FOR ORIGINAL CREATIVE CONTENT

颉腾商业
JIE TENG BUSINESS

THE POWER OF

ONE MORE

THE ULTIMATE GUIDE
TO HAPPINESS AND SUCCESS

多一个的力量

[美] 艾德 · 米尔特（Ed Mylett）——— 著
张钰崧 ——— 译

生活·讀書·新知 三联书店 生活書店 出版有限公司

Title: The Power of One More: The Ultimate Guide to Happiness and Success by Ed Mylett

北京市版权局著作权合同登记号 图字：01–2024–0175 号

图书在版编目（CIP）数据

多一个的力量 /（美）艾德·米尔特著；张钰崧译
. -- 北京 ：生活书店出版有限公司，2024.7
ISBN 978-7-80768-462-6

Ⅰ．①多… Ⅱ．①艾… ②张… Ⅲ．①人生哲学－通俗读物 Ⅳ．① B821–49

中国国家版本馆 CIP 数据核字 (2024) 第 072310 号

选题策划 颉腾文化
责任编辑 杨学会
特约编辑 王 慧
装帧设计 王建敏
责任印制 孙 明
出版发行 **生活書店**出版有限公司
（北京市东城区美术馆东街 22 号）
邮 编 100010
经 销 新华书店
印 刷 文畅阁印刷有限公司
版 次 2024 年 7 月北京第 1 版
2024 年 7 月北京第 1 次印刷
开 本 880 毫米 ×1230 毫米 1/32 印张 7.375
字 数 139 千字
定 价 69.00 元
（印装查询：010–64004884；邮购查询：010–64052612）

Preface 序言

本书是我人生哲学的终极呈现，凝结了我过去30多年的思考。

从本质上讲，本书的内容是关于你的意愿的，你是否愿意多做一次介绍、多打一个电话、早起一个小时、多建立一段关系，或是做任何需要的事情。

做得比世界期望的多一点，你就能收获最好的人生。

我将自己多年来经过成功验证的策略融合进本书，希望能重塑你的生活。通过践行“多一个”的生活方式，你可以彻底改变人际关系、财务状况、情绪管理、经商之道甚至人生前景。

你来到世上不是为了做个平凡普通的人。人生在世总要取得点成就。这一点我懂你。

本书是我们之间的动态契约，是关于思想和知识的重要交流。书中传达的思想和信息会根据每个人的个人特质产生不同的影响。通过改变思维和行为方式，你会找到对生活最关键的答案。

这一切的美妙之处在于，大多数时候，答案并不难。

但是出于各种各样的原因，你可能一直都无法靠自己分辨或解决问题。厘清头绪要从哪里入手，就足够劝退不少人了。很多人还有这种印象，要改变人生就得完成“1000件必做的事”。那可真是离谱。

我已经学到了——你也会的——推动改变往往只需要付出多一点的努力。而且真相往往是，你与目标之间只有一步之遥。

从“多一个”开始。

改变人生比你以为的更加触手可及。多一次会面、多一段关系、多一个决定、多一个行动或者多一个想法，都可能通往更配得上你的生活。多一个的力量可以激励你变得高度专注，在生活中投入地寻找多一个的可能性。当你能够开始看到更多的可能性，随后付诸行动将其兑现，你的生活就会发生更多的改变。

你采用的想法和行动不必多么惊天动地。然而，小想法和小行动组合在一起并不断叠加，日积月累就会发生可观的大变化。

本书会告诉你如何信守对自己的承诺，打造一套内在的信念体系，相信自己注定要过上比现在更好的生活。当你把多一个策略付诸实践时，你就已经超越了大多数人。

本书不仅仅教你“如何在商业上取得成功”或“如何在人际关系中取得成功”，尽管对一些读者来说确实会达到这些效果。对于大多数人来说，这本书有多个应用场景。正因如此，你应该把本书的主题看作“如何获得人生的成功”。你要完成的挑战是，汲取这些成功策略，并在你生活中的关键领域付诸行动。

每一章都是我用心写的，但书中的某些内容会格外触动你，某些原则将挑战你的思维方式、信念和价值观，还有的会像暴雨般劈头盖脸砸下来，彻底改变你的人生。我特意将这些策略设计为普遍适用的。你将读到适用于所有人和所有生活领域的通用法则。

无论你是世界级运动员、首席执行官、商界新秀还是为人父母或仍在大学深造，都可以从各个章节中有所收获。有些人会用这本书彻底重塑人生，也有些人会着重汲取书中的某些观点，用来补足短板或增强对生活挑战的应对能力。

我相信本书会引起你的共鸣，因为我们有太多相似之处。在最初完全依靠自己开始重塑生活时，我的状态与现在截然不同。和许多人一样，曾经的我常常处于挣扎中，整天为了金钱、人际关系和人生目标忧心忡忡。我深知那是什么感觉。我知道缺乏自信、跌入低谷的心情，那时的我不知道自己能否再次品尝到幸福的滋味。我曾经不名一文，最惨的时候我和妻子甚至交不起公寓的水费。

我直面过健康问题。

我失去过至亲。

多年来，我一直在与怀疑、沮丧、恐惧和焦虑做斗争。

我的生活曾经是混沌和迷惘的。更糟糕的是，我是如此迫切地寻求生活的出路，却置身于无路可走的窘境。

有的人承担着巨大的生活压力，有的人家庭功能失调，我也懂得那样的生活滋味。稍后本书中会讲述我所经历的人生挑战，生我养我的父亲是我崇拜的英雄，他却多年备受酗酒问题的困扰，这件事对我产生了深刻的影响。

其实，我能够对个人成长之道如此精通，也要感谢曾走过的长长来路。真实的情况是，我必须努力学习如何成长，才能过上基本的正常生活。

所有这些经历造就了我，令我更加坚信，人可以让自己的人生发生翻天覆地的改变。我亲眼见证了父亲这些年发生的巨大变化。

写下本书的另一个原因是，经过多年的挣扎和反复试错，我总结出了成功人生的必备要素。经过努力付出，如今我对诸多问题都有了自己的答案，也知晓了获胜的秘诀。

一路走来，我曾目睹好友和生意伙伴贪恋享乐，付出的代价是错失了获胜的机会。他们这样半途而废太可惜了，无缘品尝胜利的滋味。然后为了追赶本来早该达成的进度，他们还要花费更多的时间和精力。

起初，为了获胜我经常把玩乐放在一边。有趣的是，没过多久我就发现获胜很好玩。事实上，很多人都知道我常说的一句话："获胜比玩乐更好玩。"希望读完这本书之后你也会这么想。

30 年来，我通过对这些原则和心得的持续运用，设计出理想的生活。希望通过阅读本书，你也能识别自身的天赋和能力，然后充分施展，让你自己和身边的人过上更好的生活。

我读过许多关于自我提升和自我效能的书，它们把同一件事情翻来覆去地说。不知道你是何感受，反正我读几章就没兴趣了。我特意想让本书在这方面有所不同。我将在本书中与大家分享的策略和哲思是独一无二的。

本书将告诉你如何把天赋与刻意思考和专注行动结合起来，

从而提供必要的资源，令你的标准、目标和结果达到自己满意的效果。我在书中分享的每个原则都亲测有效，并且效果超乎想象的好。我心怀谦卑，知晓这其中一定有运气的成分，是我受到了福佑。

你也会有属于自己的好运降临。然而，在人生发生改变的时刻到来时，你也需要像我一样付出努力并保持开放的心态。在很多情况下，这些变化最开始并不容易应对。事实上，你要实现的目标价值越大，过程中经历的变化就越多，遇到的阻碍也越多。做好周详的计划，迎难而上吧。

当你调整好心态、内心坚定时，就会收获更多的成功。

本书汇聚了我多年的人生成果，囊括我如何生活、如何成长、如何改变命运，如何去创造财富、幸福，以及如何与我最关心的人建立有意义的人际关系。我想把领悟到的心得、吸取的教训分享给你，让你也能过上最好的生活。

翻开本书，就像转动一把开启心智之门的钥匙，你也许会惊喜地发现“多一个想法”和“多一个行动”将如何彻底改变你的人生。

请记得，你和我，我们很像。

如果我能做到，那么你也可以。

CONTENTS 目录

1

第1章
多一个自我

人们常说时间会改变一切，但实际上你最终还得靠自己去改变。

——安迪·沃霍尔[①]

从某种意义上说，重塑自我是最重要的一个基本概念，对于我们如何去做“多一个”的思考者和“多一个”的行动者都非常重要。自我是一个非常强大、有影响力的驱动因素，控制了生活中方方面面的行动和结果。自我决定了你能做成什么事、挣多少钱、取得多大成就，影响着你的情绪、人际关系和自我价值感。

① 安迪·沃霍尔（Andy Warhol），美国近代艺术家，波普艺术的倡导者和领军人物。——译者注

那么，到底什么是自我？我把它定义为一个人抱持的想法、概念和信念，是一个人内心中最珍贵、最独特的部分。你可以面对外界展现出某一副面孔、扮演某一个角色，但是你无法对自己撒谎。**在内心深处，我们都知道真实的自己是什么样的。**

换句话说，自我就是：相信自己是什么样的，我们就是什么样的。

这里有一个关于自我的悖论。许多人认为只要改变了自我，就能改天换命。然而很多人不愿意采取必要的行动，即使这样做完全符合他们自己的最佳利益。

你是否愿意现在做一点牺牲，去换取未来的一些可能？答案应该是响亮的“愿意”！这简直是明摆着的最合乎逻辑的答案。所以我无法理解，为什么很多人对这样一个基本问题还纠结不已。你来到这个世界上，不是为了像树一样原地待着，也不是为了像石头一样躺平不动。你的使命就是不断成长、拓展，学会过一种丰盈而幸福的人生。在做这些事情的过程中，你的自我就会随之改变。

自我之所以如此重要，是因为它能解锁人生中很多令人惊喜的事情。当你养成了“多一个”的自我，就是给自己送上了一份大礼——你掌控了生活，并且是听从自己内心的声音掌控生活，而不是被外部力量驱使。长久以来，那些外部的力量削弱了你的幸福感，最早也许可以追溯到你呱呱坠地的那一天。

一个人的自我形成于童年早期

孩提时期，你像一幅空白的画布，对一切事物都感到好奇、快乐，并欣然接受。你毫无保留地相信外面的世界不会伤害你。渐渐地，通过平时生活中与父母、家人、朋友、老师及身边其他人的接触，你了解了这个世界是如何运转的。

当然，很多人是有意对你灌输，然而这并不意味着别人教的东西都是正确的。事实上，没有人永远是正确的。在你是个孩子的时候，往往对别人教的东西不辨真伪全盘接收。他人影响了你的自我塑造，其中有好的部分，也有坏的部分。遗憾的是，儿时的你对外界影响毫无抵抗力。批判性思维是在这个世界生存的必备技能，可惜年幼的你还没有掌握。

随着年岁渐长，你开始逐步形成自我认知。如果有人说你不是个好学生，或者没什么运动天赋，那些评价就变成了你对自我认知的一部分。你仍然还不具备分辨他人评价的能力。就这样一路长大，背负着这些认知和评价，你的自我已经深深扎根了。自我设限也长成了你的一部分，如此根深蒂固，你甚至不清楚源头在哪里。

背负着这么大的包袱，要卸下来也不是件容易的事，不是吗？

一个人对自我的认知，实际上是从毫无选择的时候就已经在被动承接，并且一直伴随，直到某一天你有了足够的阅历和能力，开始质疑。当然这里假设你已经意识到了自我会如何影响人的一生。这世界上有很多人，他们只是匆匆地走过了平凡的一生，毫无建树，对背后的原因也不求甚解。

然而，作为“多一个”的思考者，你已经醒悟了：**只要一个人主动追求，就可以改变自我**。这本书会告诉你该怎么做。

调节你的自我恒温器

我曾经简单地介绍过自我恒温器，现在我想更加详细地聊一下这个概念能如何帮到你。

自我是一种强大的力量，能够改变你的生活，调节做事的结果。我们可以把自我看作一个恒温器。每个人内心的恒温器设定了自己人生的温度。

想象一下，你走进一个房间，可能会觉得太热或者太冷，那么接下来你要找到恒温器去调节温度。此时室外温度是多少都不重要。外面的温度也许是38℃，但只要你把恒温器设定在24℃，启动，那么接下来空调就会开始制冷，然后改变室内的温度。同理，如果外面是–2℃，恒温器也会启动，然后开始制热，让房间升温到你设定的24℃。

我们的生活也完全是按照同样的方式在运转。假如你是一个38℃的人，启动你的人生空调，制冷系统就会开始把温度降回到你认为合理的状态。每一次你要做的事情超出自我认知的时候，这个过程就会发生。制冷系统会无意识地启动，给你降温，把你的人生拉回到你认为合理的温度。

自我认知就像是一个恒温器，限定了你内在的自我价值感，约束着你的行动和成果。很多人有一个错误的印象，认为恒温器是由外部因素调节的。他们以为能塑造自我的途径有——升职加薪、结婚成家或是进修一个更高的学位。

如果不去提升自我，那么你人生的空调迟早会启动降温，把温度降到 24℃，或者随便什么你其实并不满意的温度。原因很简单，就是因为你没有主动去掌控和决定到底想要什么样的自我。

然而，如果你能够正确地设定自己的恒温器，那么不管外部的条件如何，都能抵达成功。

真相是，你完全可以获得所有那些你想要的天赋、技能和实力，但是除非你的自我能与之相匹配，否则不管你怎么努力也达不到自己设定的目标。这个道理放之四海皆准。

举例来说，想想你对身材的自我认知。假设你用了最好的减重食谱和健身计划，已经成功地减重 20 磅（约 9 千克）。可是一年之后，那 20 磅完全涨回来了，你又回到了原点。这是因为你心里对于身材的自我认知这个恒温器设定在 24℃，也就是说，其实你在有这 20 磅“多余”体重的时候感觉更自在。所以不管怎么折腾，最后总会掉回到你心里已经设定好的 24℃的情况。

你可以用尽所有的正确方法去控制饮食、加强锻炼，但是如果你内心对于身材的自我认知还是保持在 24℃，没想过真正瘦身成功，那么渐渐地你还是会管不住嘴、迈不开腿，回到老样子。因为那才是你自己对于身材的恒温器设定。你可以随手找到很多外部原因给自己泼冷水，直到你重新回到自己“活该如此”的样子。

还有另一个例子。或许你当前的财务情况还不错，但似乎总也无法如愿再上一个台阶。也许你想要银行存款达到 1000 万美元。然而，在你调高恒温器相信自己真的值得 1000 万美元身家之前，即使你赚到那么多钱，内心的恒温器也最终会让你“凉”下来，回到与自我认知一致的状态。这个过程可能需要好几年时间，但最终除非你能改变内部恒温器，否则不可避免地会经历财务倒退。

很有可能以上这几种情况你都经历过，还有很多其他类似的例子。

在你生活的各个方面都不缺少信息、指导和成功路径。由此推断，成功的阻碍就在于你的内心。这就是为什么你能做所有正确的事情，但仍然没有得到想要的结果。

记住这个关键点！不知不觉中，我们总能找到一种方法倒退回去——回到恒温器中基于内心对自我价值的认同而设定好的位置。

简而言之，你无法通过设置为 24℃的恒温器来实现 38℃的身材或财富。恒温器囚禁着你，除非你可以创造一个触发成长和改变的新自我。

这并不是说你完全不能取得成功，实际上在许多情况下你还是会成功。然而，除非你调整自我认知，否则一段时间后恒温器就会把你带回符合内心设定的位置。

通常，当这种情况发生时，大多数人会归咎于外部因素。来听听这些例子是不是很熟悉？

我后背扭伤了，八周都无法锻炼，然后我就对健身失去兴趣了。

经济形势不好，我在股市上损失了一大笔钱，所以我放弃了 1000 万美元身家的梦想。

如果你的恒温器设定得不够高，那么你会把这些看作巧合、报应或坏运气联合起来对付你。但事实并非如此。如果你的恒温器设置得足够高，这些只不过是暂时的挫折。

然而“多一个”人士和其他人之间的区别在于，他们会把这些看作通往目标的道路上的减速带。他们不会把暂时的挫折作为永久失败的借口。他们会持之以恒地向着恒温器设定好的位置运转，最终他们将上升到那个温度。

请记住，作为“多一个”人士，改变来自思考和行动。这本书不是关于单独的怎么想或是怎么做的，而是必须把思考和行动结合起来。当你的思考和行动和谐一致时，恒温器就不会凉下来。其实，最适合把恒温器调高的人是你自己，去实现你值得拥有的成果吧。

改变自我三部曲

改变自我是改变人生的关键。一旦你接受了这个概念，那么问题就变成了“如何重新调整恒温器来创造新的自我？”。这个过程的锚定点是核心原则三部曲：信仰、初心、同行者。

信仰

许多人说他们过着基于信仰的生活，但我们中有多少人能保证他们在生活的各个方面都有信仰？我认识的有些人读《圣经》、去教堂，都是善良、有爱心的人。但是，这些人是否将自己的信仰延伸到对待健身、财务、人际关系和生意往来的信念中？很多时候，答案是否定的。

改变自我的关键之一是让信仰在你生活的各个方面发挥作用。

初心

> 若你我以良善的初心行事，则心灵无悔。
>
> ——安东尼·道格拉斯·威廉姆斯（Anthony Douglas Williams）

我遇到过很多人，他们不断因为生活现状而自我打击，却没有肯定自己对于自我提升的向往。如果你也曾这样想过，那么这样做只是在加强原有的自我——你的 24℃人生。

下面这些牢骚话听起来耳熟吗？

只有升职成功，我才能给自己肯定。

离婚三年来，我的生活一团糟。

在新冠疫情期间宣告破产，我真是个失败者。

发牢骚不会促使你振作起来。钻牛角尖的失败者才会这么做。你辜负了那个最重要的人——你自己！

这种思维会形成恶性循环，陷得越深，就越难以挣脱出来创造新的自我。你会习惯挫败，不想见人。况且，坦率地说，也没什么人想和这样的你在一起。

与其咀嚼生活的苦涩，不如改写手中的剧本。告诉自己，你要做好事、要回馈社会。你要创办一项蓬勃发展的业务，你会在银行里有存款。你想好好对待身边的人，你值得一段充满爱与关怀的关系。**将好的初心用到生活的各个方面，然后静待花开。**

初心会让你下定决心去创造新的自我。**你怎么说，大脑就怎么做。**当告诉大脑你想吸引到什么时，大脑会设计内部信号促进你身上好的个人特质生长，并随着时间的推移以新的自我面貌展现出来。初心是一种货币，可以让你在“自我银行”中积累存款；反之，如果没有好的初心，你就是在“自我银行”中造成挤兑，最终将使自我陷入破产境地。

同行者

想想霍奇[①]的话，“身边有什么，内心就有什么”。

如果和 38℃状态的朋友一起玩，你不太可能还保持 24℃。

通过近距离相处，你会吸收身边伙伴的特征、行为和信念。有意无意中，他们的知识和想法也成为你的一部分。

这就是为什么你应该寻找优质的同行者，他们可以直接或间接地帮你成长为本来该有的样子——38℃的人。

另外，如果想提高恒温器并改变自我，你可能需要和生活中许多 10℃的人说再见。

是的，我知道这会是一件很难的事。然而，除非你在生活

① 霍奇（T. F. Hodge），《从心出发》（*From Within I Rise*）一书的作者。

中为对的同行者腾出空间，否则还是会纠缠在错的人际关系中，阻碍你前行。我可没说这件事会很容易，但有时候是必要的。

还有一个替代办法是，拒绝 10℃的行为，并且提高其他人的恒温器设定。当你面对家人或一辈子的朋友，很难与他们切断联系时，这是一个特别可行的办法。

根本在于，你身上会反映出同行者的影响。如果同行者能提升你并让你的恒温器升温，那么你就走在创造新自我的正确道路上。

一旦用这个三部曲武装了头脑，再加上调整自信水平来改变自我，你的生活将一往无前。

自信是整合的关键要素

我将在第 12 章中更详细地介绍习惯，但自信及其与自我的关系是值得重复的关键概念。

第一个关键点是，自信与自我不同。自我是你相信自己值得拥有的价值，是你的内部恒温器。自信是实现自我的手段。

自信的人都有一个习惯，信守对自己的承诺。养成信守承诺的习惯，你就走上了自信之路。

信任自己是自信的一种表现形式。如果一个人连自己都不信任，那就需要好好想想生活到底出了什么问题。

还有一个后果是，如果胆小怯懦，你就不会行动。如果心怀疑虑，你会因恐惧而麻痹自己。怀疑是生活中外部因素的产物，是消极思想的温床。如果消极的想法疯长蔓延，它就会接管你全部的思想，让头脑变得无用，甚至有害。

正因如此，你必须保护自己的思想。拔掉精神上的杂草，不要让它们威胁你并占据你心中的美好。也许没办法把杂草完全清除干净，没关系。自信不是要把恐惧、胆怯完全消除，因为你已经和自己约定好，无论如何都要勇往直前。

第二个关键点是，自信是由内而外产生的。而且正因为这是一种内在情绪，所以你可以按照对自己有利的方式进行布局。

爱默生说过："与你的内心相比，身前身后的一切都相形见绌。"

仔细揣摩这句话。想要多少自信，唯一有发言权的人是你自己。当你破坏了心中的约定，就是在和自己搏斗。如果这听起来有点疯狂，那是因为确实挺疯狂的。难道你不想省点力气，用来应对生活里的其他战斗？

如同生活中大多数事情一样，对自己信守承诺，迈出第一步总是最难的。我保证，一旦你可以让思路跳出旧有的轨道，就会找到动力并采取必要的行动。随着新自我的发展，你会逐渐看到成果。这些成果将成为思维列车保持在正确轨道上行驶的驱动力。

自信的反面是自我破坏。像是一种潜伏在许多人体内的电脑病毒，在你尝试去推动生活中的重要事项向前迈步的时候，就会触发自我否定。自我否定会引发沮丧和怀疑，是自信的死对头。

法纳姆街媒体（Farnham Street Media）的创始人沙恩·帕

里什（Shane Parrish）完美描述了这些坏东西会如何毁了你："乐观也许不足以让你成功，但悲观会确保你不会成功。"当你的自我破坏时，就是调低了恒温器，拒绝承认有幸福正在向你靠近。

也许你经历过，也许你认识的人经历过这些。有的人得到了命运的馈赠，却"想方设法"搞砸了最终的结果。最糟糕的是，同样的人似乎在一遍遍地重复这种循环。他们被贴上了"一团糟"的标签，也可以说是一蹶不振。实际上，他们只是把恒温器调到了自己以为值得的低位。

你是否有认识的人遇到了梦中情人，却只是去背叛、行为不轨或者彻底粗暴对待？你知道有些人赚了一大笔钱，之后却酗酒、挥霍无度或沉迷赌博输光家产最后毁掉了自己吗？很多人都听说过这些发人深省的故事，如果职业运动员放弃刻苦训练和健康饮食，或是沉迷于恶习无法自拔，有时候他们甚至会付出生命的代价。他们都犯了自我破坏的罪过，因为那样的不自律就是缺乏自信——自信水平太低，与身份不匹配，不能支持自我的发展。他们的内部恒温器与起初的成功不匹配。最终，恒温器自行重置，于是那个人跌落下来，回到恒温器显示他应得的位置。

看到此类情况发生总让人叹息，因为本来大可不必如此。

分享一个我常用的小练习，可以摧毁自我破坏、气馁和怀疑。当自我破坏的想法出现时，我会提高警惕。我在心里记下这个想法。然后，我想象出一个画面，看着自己把这个想法划掉。第一次记录下这个想法并把它甩掉后，它还会再次出现。

所以我会反复这样练习，尽可能多做几次，直到我再也看不见这个想法，因为它被涂黑抹掉了。当到达我看不见它的地步时，这个想法就从我的脑海中消失了。我的头脑不再与这个想法一起生活，这个想法失去了限制我的力量。

为了成功地与你的多一个自我保持一致，你必须对自己信守正确的承诺。你必须清除消极因素，创造一个环境让自信成为一种资产，取代你害怕的事情。

既然你已经对自信和自我的协同工作有了更多的了解，现在是时候看看那些可能扭曲正确思维的误解了。

对自信和自我的误解

认识误解、拒绝误解，将助力你对新自我的追求。

- **我拥有什么，定义了我**。许多人将自信和自我与拥有的财产相联系。他们做了一个有缺陷的假设，即获得的财产越多，就越自信，新自我就会越完美。事实并非如此。这是一种空洞的追求自信和自我的方法。
  追求物质绝对没有错——如果我持相反的观点，就太虚伪了。我决不会将个人财产和物质财富与我的自信和自我联系起来。我会有意识地将它们区分开，你也应该区分开。
- **我取得多少成就，定义了我**。这是个可怕的陷阱。一旦陷入其中，终其一生你都会有一种无法满足的需求，逼自己不断取得成就，只是为了让“自信和自我”感觉好一点。

简单点吧，你就是你。每个人各自背负着使命降生到这人间，千万别掉入膨胀自负这个阴险的陷阱。不管怎样，去尝试伟大的事情，去成就伟大的事业吧。只是别太沉迷于吹捧自己，以致丢掉应有的谦卑心。请记住，一切成就都可能灰飞烟灭。如果你把成就当成自我价值的拐杖，那么当拐杖被抽走跌倒时你会特别疼，我向你保证。

- **别人对我的评价，定义了我**。错。对自己有信心，以及把对新自我的追求进行内化，本质上就是挑战这种错误信念。收起你的自尊心。不要把自我价值建立在社交媒体的“点赞”和“喜欢”上。不要乞求赞美。那是一种廉价、穷困的生活方式。如果你那么做，就是与提高自信和打造新自我背道而驰。
- **外表意味着一切**。关于到底什么才是美，那么多人都落入了陷阱。对于女性来说尤其如此，她们被电视节目、博客、播客、社交媒体和时尚杂志狂轰滥炸，所有这些媒体都极度关注外表的美。

事实上，真正的美来自内在。美来自灵魂、初心，来自向外给予的能力、对待别人的方式，来自你心中的信念和善良。健身、减肥、穿漂亮衣服、注意仪容仪表，这些当然也不错。关键在于，你是为了自己而不是要取悦他人。记住，能定义你的不是镜子里那副皮囊，而是你的性格内涵。

对于“多一个”的思考者来说，自我是基础性的存在，关乎“你是谁”。使用改变自我三部曲，再加上自信，在你的自我恒温器上找到最合适的温度。在这个过程中，你不但会打造出最好的自我，而且会走向最好的人生。

2

第 2 章
多一个与你心中的矩阵

这是你最后的机会。过了这里，就没有回头路了。吃下蓝色药丸——故事结束，你在床上醒来，相信你想相信的一切。吃下红色药丸——留在仙境里，让我带你看看兔子洞有多深。

——墨菲斯（Morpheus），《黑客帝国》

我是《黑客帝国》的超级粉丝。这部上映于 1999 年的电影不仅是划时代的经典作品，更是包含了许多“多一个”的奥义。如果你没看过《黑客帝国》，就跟紧我的思路，很快就能弄明白。另外，请注意前方有剧透。

《黑客帝国》讲述了基努·里维斯（Keanu Reeves）扮演的计算机程序员托马斯·安德森（Thomas A. Anderson）的故事，

他以黑客尼奥（Neo）的身份过着双重生活。他与传奇黑客墨菲斯联手，试图摧毁掌管人类生活的人工智能，也就是众所周知的“矩阵”（matrix）。当他们与保护矩阵的特工战斗时，尼奥开始展现出过人的天赋——他甚至可以让时间变慢——这表明他可能就是天选之子，那个注定要摧毁矩阵的人。

说到天选之子，有些事你需要明白。当你看到一个家族生活幸福、富裕优渥，要明白他们并非生来就这样幸福成功。直到天选之子出现，才彻底改变了整个家族的发展轨迹。

天选之子可以改变情绪情感、经济状况、幸福程度、家人的思维方式及其他许多方面。

在我家，我就是那个天选之子。这不是因为我想要或是喜欢这个名头，而是因为我已经做好了准备为之奋斗，因为我学会了成为天选之子所需要的策略。

我为你祈祷，希望你能成为家族的天选之子。

我之所以喜欢尼奥成为天选之子的故事，是因为我相信每个家族中都有类似的隐喻。

这里值得重复一遍。当你看到一个家族很幸福、很成功，过上了梦想的生活，要明白他们不是一开始就那么好的。然后有一天，家中的天选之子出现，永远地改写了那个家族的传说。

我会教给你关于矩阵的知识，这样你就可以成为家族中更上一层楼的天选之子了。

这里有些东西可能会让你大吃一惊。

如果我说，你已经活在矩阵里了呢？

如果我告诉你，在你的内心深处，已经有一些力量在起作用，正在令你生活的某些部分减速，还解释并强化了你已经编程到意识中的东西，你会有什么感觉？你对那些甚至毫无察觉吧。

但事实就是如此。

矩阵是网状激活系统（reticular activating system，RAS）的通俗说法。RAS 是一个过滤器，给你生活中重要的东西赋予权重，并把不重要的东西过滤掉。

RAS 是我以前讨论过的一个概念。上一章我们详细讨论了如何创造多一个自我，本章接下来的篇幅将对 RAS 的概念详细展开。而且，了解你的 RAS 与了解多一个自我同等重要，都是串联起本书多个章节的关键所在。

尽管 RAS 背后的科学原理也很重要，但人们有时会被沉重的科学概念吓倒而拒绝进一步了解。所以，我已经把这个讨论转化为一个更容易理解和消化的策略，用了矩阵的概念来打比方。

无论你把它当作 RAS 还是矩阵，请记住下面这句话：

把 RAS 想象成一个过滤器，它会向你揭示出人生最重要的东西。

举个例子说明 RAS 是如何工作的。比方说，你想买辆蓝色小货车。瞬间，你就会发现到处都能看见蓝色小货车。当你外出办事或送孩子上学时，高速公路的三个车道上可能都有蓝色小货车在行驶。

你猜怎么着？那些蓝色小货车其实一直都在，只是你以前从来没有注意过而已。但现在你能看到它们了，因为它们已经成为你 RAS 的一部分。从蓝色小货车变得对你很重要的那一刻起，它们就被筛选到了你的意识之中。

这个道理可以延伸到生活的方方面面。例如，你的客户、健康水平、人际关系或情感追求都会成为你的蓝色小货车。它们一直在那里，只是以前你从来没有看见过，因为它们还没有被编入你的 RAS。那个时候的你把它们过滤掉了，因为当时它们对你还不够重要。

它们是如何变得重要了？因为你在心里一遍遍想着惦念着，告诉 RAS 应该听到什么、寻找什么、感觉到什么，而头脑愿意向感觉最熟悉的东西靠近。

这就是我所说的“慢下来”的意思。当有个念头在脑海中一直挥之不去的时候，就是在告诉你的 RAS 要注意这个想法，这时整个世界就会慢下来。

RAS 就是这样起作用的。

这件事你已经很擅长了，但问题可能是，你还需要带上足够的方向、意愿和觉察。如果能引导 RAS 更好地关注生活中的蓝色小货车，那么你的生活就会开始改变。

“多一个”的思考者学着与自己的矩阵协同工作。相应地，这会不断创造出机会和成果，用无数种方式让你的生活加速快进。

放慢你的矩阵，更深刻地生活

放慢时间的概念可以追溯到古文明时期。公元前 5 世纪的哲学家芝诺（Zeno）[1] 提出了“飞矢不动”的悖论：“如果一支箭在飞行中的任意一个瞬间看起来都是静止的，这不就等于它静止不动了吗？”他在那个时代提出了许多悖论，这是其中之一。

从那时算起人类发展已经走过了漫漫长路。但是，与时间的关系这个概念仍然让人着迷。就像在《黑客帝国》里那样，要想活得更深刻、更有意义，就必须学会放慢内在的步伐。

从技术角度来看，《黑客帝国》使用电影特效创造出广为人知的“子弹时间”。子弹时间是通过在一个 360°的圆周上放置 120 个摄像头，拍摄数千张照片，然后将这些照片拼接在一起制作出来的。最后呈现的效果让观众感觉演员是在一个慢动作场景中移动，电影中看到的场景播出来大概只有几秒钟的时间。

作为导演，沃卓斯基姐妹（The Wachowskis）并不是最早使用这种技术的人，但是她们第一次把它作为主流技术应用。这项技术在《黑客帝国》及其后续电影中出现过好几次，但最广为人知、最令人难忘的应用就是尼奥在屋顶上躲避一颗又一颗子弹的时候——因此得名“子弹时间”。

子弹时间对你也有用。这相当于一个极限版本的“停下脚步轻嗅玫瑰花香”，但远不止这些。**当有意识地放慢身心状态时，你就创造了一个空间，让感官和大脑得以重置**。你看待事物的方式发生改变，开始意识到很多的“多一个”一直在那里，只需要调整生活中的一些变量就能看见。

---

① 芝诺（约前 490—前 425），英文 Zeno of Elea，出生地为意大利半岛南部的埃利亚。古希腊数学家、哲学家，以芝诺悖论著称。芝诺悖论是一系列关于运动的不可分性的哲学悖论。由于量子的发现，这些芝诺悖论已经得到完善的解决。

关键是要对自己所处的条件和环境有所觉察。子弹时间可以让你去寻找多一个生意机会、专心练习多一个方法提高网球成绩或是专注于找出多一个方法改善婚姻状况。

我在试着解放你的思想，尼奥。但我只能给你指路。你才是那个要走过去的人。

——墨菲斯

投入地生活在当下，需要时间和专注。就像《黑客帝国》一样，当你付出努力的时候，就是对发生在你身上的事情有了更多的投入。

同等重要的是，你必须有意识地决定你要选择哪条道路。这就把我们带回到那个著名的场景，尼奥必须在蓝色药片和红色药片之间做出选择。当墨菲斯让尼奥在两种药片之间做出选择时，实际上是要求尼奥在命运和自由意志之间做出选择。

在《黑客帝国》中，服用蓝色药片代表选择服从命运。所有的选项都是预定好的，行动也是预先确定的。选择的概念其实只是一种幻觉。相反，尼奥选择了红色药片，把自己放在拥有自由意志的位置上，他可以根据自己的决定改变命运。他加入了墨菲斯和崔妮蒂（Trinity）的队伍。崔妮蒂是另一个非常关键的自由斗士，不管这个世界多么让人沮丧，她都会把自由意志看得更重要。

每个人都具备相应的能力来选择他们的现实。“多一个”的思考者只是对此有更强烈的意愿。他们选择自由意志和自由行动，因为他们知道自己想要什么，并结合思考和行动，逐步接近自己的标准和目标。他们提升意识水平，在这个过程中把自己的世界放慢节奏。他们的世界改变了，就能更好地与他们想要的人生保持一致。

> 尼奥，就像曾经的我一样，你迟早会意识到，知道这条路和走上这条路是有区别的。
>
> ——墨菲斯

受限于生活的步调，我们常常选择只看眼前，沿着预先确定的路径行进。对许多人来说，这是无可奈何的权宜之计。但这样也会让原本色彩斑斓的生活褪色、暗淡。

如果你现在就是这样的情况，不必对自己太苛刻。从出生的时候开始，我们就被教导要服从他人、遵守规则、好好背书。随着世界的脚步越来越快，在光速技术驱动的时代，要想跟上节奏就更不容易了。为了生存，我们不停地被动接受别人的决定，决定什么是对我们最好的、什么是我们应该毫不怀疑去跟随的。

如果你对这样的观念发起挑战，会发生什么呢？不用事事都挑战，但是在对你人生很重要的关键领域，如果给自己一个心理上的中场休息，花点时间好好地思考眼前的选择，会发生什么呢？**如果在人生的重大时刻，你对手中的选项进行更深入的思索，又会发生什么呢？**

“多一个”的思考者应当尽可能深入地参与自己的生活。你的矩阵在等着你，红色药片和蓝色药片也在等你做出选择。

矩阵的工作原理

在核心功能上附加一个电影标签当然很酷。但要充分理解矩阵是如何工作的，还需要理解矩阵背后的科学原理。

前面提到的 RAS，是让你重新校准矩阵的心智能量。

RAS 把你觉得重要的东西筛选到你的意识中，把不重要的东西过滤掉。

在神经学术语中，网状指的是“网络的，或像网一样的”。RAS 是由若干神经细胞彼此连接组成的一个网状结构，在脊髓之间，穿过大脑中心的丘脑，位于脑干深处。这些细胞向外延伸到大脑皮质，即大脑表面薄薄的一层神经组织。

解读由外界感官输入信号的质量或类型不是 RAS 的职责。RAS 负责激活你的整个大脑皮质，使其处于高度警戒状态。这种增强的觉醒状态创造了一种更强的信息诠释能力，并使大脑做好准备采取适当行动。

适当行动是指，RAS 改变大脑的电活动，调节脑电波电压和神经细胞的介入速度，还会释放一些化学物质调节睡眠、疼痛、运动功能、情绪和记忆。这些化学物质包括调节运动的乙酰胆碱，以及多巴胺、去甲肾上腺素，还有与意识和感觉相关的血清素。RAS 也与心理障碍有关。如果 RAS 异常，就会导致精神分裂症、帕金森症和创伤后应激障碍（PTSD）等。

在清醒状态下，大脑会产生低压脑电波。低压脑电波速度快得令人难以置信，可以让你迅速而专注地组织信息。快速眼动（REM）睡眠周期中大脑也会产生低压脑电波，进而形成激烈的梦境、肢体动作，伴有呼吸和脉搏的频率加快。

RAS 对大脑信号的配置可以调节你的警觉程度和认知水平，并决定大脑对接收到的各种信息如何理解。通过这样的方式，RAS 成为大脑中的自然过滤系统，可以过滤掉所有对你不重要的东西，去除干扰决策过程中不必要的噪声。即使在你睡觉的时候 RAS 仍然可以工作。

RAS 把所有你觉得重要的东西筛选进入你的意识中。通过这种方式，你可以创造出自己的现实。但你必须有意识地去努力。对于“多一个”的思考者来说，RAS 就是你的矩阵。了解了矩阵运行的科学原理，就能更好地理解为什么要对 RAS 善加利用，以及如何才能用好。

这里有一个简单的例子。如果你正想着烦心的事情，RAS 就会被激活，于是一整天你都会看到各种不顺心的东西。反过来看，如果怀着感恩的心情，那你就会看到值得感激的事情。

当有意识地激活矩阵去专注于某件事情时，你就会看到处处都有“多一个”的存在。

矩阵在海量的数据中进行筛选，只呈现对你来说重要的部分，而这个处理过程不会进入意识层面。矩阵的编程方式本身对你是有利的。然而，“错误的输入必然导致错误的输出”这句话你听说过吧？我敢打赌，你之前不知道有一个与此相关的完整的科学分支，全部都是关于你和你的矩阵。

矩阵也在寻找能证实你的信念的信息。它通过你给的参数过滤这个世界。你的信念在某种自我实现的预言中塑造了这些参数。如果你认为自己高尔夫球打得不好、画画很差劲或是不擅长演讲，那么你可能会在这些活动中感到窒息。相反，如果你认为自己能打出时速 90 英里（约等于 144.8 千米）的快速球、在三个月内学会一门新语言或者在一年内掌握国标舞，你就有更大概率去做这些事情。矩阵帮助你看到心中所想，然后它发挥作用，影响你的行动。

RAS 也有助于解释吸引力法则。吸引力法则是指你会吸引到心中所想，这个概念经常被吹嘘成某种新世纪的、源自宇宙的神秘方法。然而你一旦了解了矩阵的工作原理，吸引力法则就没那么神奇了。

这里有个“多一个”的思考者的关键心得。当你可以训练矩阵把潜意识的想法结合到意识中时，就达到了目标清晰的状态。关于目标清晰我已经谈过不少了，现在你应该明白这个过程起作用的原理了。

这需要相当的专注和耐心才能做到。然而，如果能掌握这项技能，你的矩阵将与你行动一致，为你呈现相关的信息、人脉和机会，助你达到自己满意的做事标准、实现目标。

训练矩阵得到你想要的结果

显而易见，接下来的问题是“如何训练矩阵得到我想要的结果？”我来给你简单又明确的方法。

第一步，在矩阵中播下种子。思考一下，有什么是你希望改变的。比如，“我想减肥”。下一步，更有针对性地思考你想要的具体结果。在这个例子中你可以说，“我想在未来六个月内减掉 20 磅”。最后，把你理想中实现目标的过程在脑海中形成画面。让你的想象力感受到达成这个目标所需要的具体对话和动作、做哪些练习、吃什么食物和其他各种细节。要想锁定你的矩阵，你就需要刻意地一遍又一遍地重复播放。

通过这样的方式，你把矩阵释放出去为你工作。“多一个”的思考者还需要把这些想法付诸行动。仅仅在心里说服自己是不够的。没有谁闭眼许个愿就能成功。

假设你想养条小狗。你喜欢哈士奇，但以前从来没有注意过一天中看到了多少只哈士奇。直到你认真想清楚了，决定就是想要一只哈士奇。忽然之间，你会看到到处都是哈士奇。

想一想你最想要的车是哪款？也许你一辈子都梦想着拥有一辆保时捷。这个梦想“也许某天”会实现，没有实际的时间表。然后，你的事业腾飞收入翻番，曾经“也许某天”拥有保时捷的梦想开始走进现实。你在网络、电视、路边广告牌上随处都能看到保时捷。每次在高速公路上经过一块保时捷广告牌，你大脑中的梦想就会启动一次。当你偶然遇到一个已经开着保时捷的人时，矩阵就会将你的梦想提升到了一个新的高度。

在这个过程中，矩阵已经迈出了第一步，让你更接近想要的生活。

矩阵与证实偏差

证实偏差是一个心理学概念，即人们倾向于把新的证据解释为对已有信念或理论的确认。你的矩阵和证实偏差是一对连体婴。当矩阵产生了特定的信念或结果，证实偏差开始介入，加强已有信念，起到进一步强化的作用。在这种情况下，如果有任何证据和理论可能削弱矩阵已经持有的信念，就会遭到贬低。

证实偏差是选择性回忆的一种延伸。当你为了证实自己的想法而选择以特定方式记住某事，就会偏向于你心里想要的结果。你对自己的信念越坚定，或者一个问题在你心中激起的情绪波动越大，证实偏差和选择性回忆就越强。

随着时间的推移，这些执念一天天变得更强大。经过潜意识里不断的重复，执念最终会变成你的个人特质。当矩阵与刻意行动、证实偏差和选择性回忆结合在一起时，会无情地驱使你朝着心中的目标前进。所以关键是，要确保你在矩阵中播下了正确的种子。种瓜得瓜，种豆得豆。

如果使用得当，诠释和记忆的偏差也可以成为强大的工具。在我们每个人的世界里，每天都充斥着大量的证实。社交媒体就是一个典型的例子，仿佛是一间充满了强化信念回音的房间。我们倾向于选择与自己思想和信念一致的东西，常常排斥与自己不同的观点。

近年来，媒体已经成为证实偏差的明显例子。福克斯新闻（Fox News）、美国有线电视新闻网（CNN）、微软全国广播公司（MSNBC）等媒体经常根据政治倾向发表观点，收看节目的观众要么得到证实，要么被激怒。

证实偏差还能最大限度地减少一种名为“认知失调”的心理冲突。当一个人面对两种相互矛盾的信念时容易引发认知失调，导致心理压力或焦虑不安。证实偏差有助于回避不协调的观点，把我们想要相信的具有一致性的信息和观点进一步强化。

你的矩阵是独一无二的

每个人的矩阵都是独一无二的。正如没有两个大脑是相同的，矩阵也是这样。你的记忆、经历、思想、关系、恐惧、野心等整体形成了独一无二的你。正因为如此，学习控制自己的矩阵是每个人都要独自面对的一个过程。你无法把这个责任委托给别人。这件事由你决定，也只有你能承担。请时刻谨记，证实偏差对矩阵的表现有显著影响。

想象一下，华尔街的一位股票经纪人已经设置好了他的矩阵，目标是在金融市场的海量标的中找到赚钱机会。他放慢速度，让矩阵搜索机会，于是看到了那些没有刻意连接的人所看不到的交易机会。

同样地，想想贫民窟那些无家可归的瘾君子的困境。即使他们没有地方睡觉，不知道下一顿饭从哪里来，却总是能找法子吸上一口。瘾君子训练自己的矩阵去寻找毒品，进而变得精于此道。

以上两种人都活在自己的现实中。他们训练自己的矩阵，把具体想法和机会尽量贴近已有的目标，同时倾向于把偶然遇到的任何情况都诠释为自己正在朝着既定目标前进，进行自我证实。在以上两个案例中，他们最终都拥有了自己痴迷的东西。

依据社会标准，他们一个是成功，一个是堕落。但我们在这里看到的共通点是，人的生活会受到矩阵多么大的影响。

我想说的是，你的矩阵由你掌控，帮你寻找想要的东西，无论你寻找的东西是大是小、是好是坏。矩阵以某种特定方式看待事物的时间越长，你的信念就越顽固、越强烈。

再举个例子。如果你是一名棒球四分卫，在比赛中，应该避开有掩护的接球手，还是要寻找有空当的接球手？如果你训练大脑去寻找一个有空当的接球手，大脑就会开始相应的搜索，而不会把注意力放在有掩护的接球手身上。

新手四分卫经常感到纠结，因为他们的矩阵中还缺少深度经验。但像乔·蒙大拿（Joe Montana）或佩顿·曼宁（Peyton Manning）这样经验丰富的名人堂四分卫球员，真的可以把对方的防线完全拆解。他们完全投入、深深地相信自己可以掌控球场上的行动。因为他们的世界已经慢了下来，他们完全进入了比赛状态的矩阵中。

这也是为什么一个有经验的比赛解说员像托尼·罗莫（Tony Romo）或特洛伊·艾克曼（Troy Aikman）可以及时发现赛场上的闪电球，知道接球手会跑什么路线，甚至在发球之前就能看出覆盖范围。多年的实战经验在此刻形成解说和预判，向数百万同时观看比赛的观众介绍在球场上的赛局变化。

打高尔夫球的时候，你会在每次挥杆时屏蔽掉沙坑、水障碍和界外的标记。你心里清楚地知道每一次挥杆时小球的目标落点，所以矩阵让你的眼中只看得到目标。

矩阵的作用也可以延伸到人际交往中。当矩阵激活时，你不再对身边的人熟视无睹，而是开始从人们身上看到优秀的品质、想要结交发展。

如果你聚焦的念头不是哈士奇、保时捷或发球线路，而是创造更大的商业前景，会怎么样呢？你就会开始在办公室里、在销售电话中听到新机会，那些以前没注意到的机会，因为大脑现在正在积极地寻找这类可能性。你开始看到赚钱的机会。其实机会一直都在，只是以前没有被筛选进入你的矩阵中。

作为企业家，你要训练大脑去寻找机会而非阻碍。你要想办法把两个完全不同的服务、产品或关系联结起来，从而赚到钱。在某种程度上，你的矩阵过滤掉了所有不适合与你合作的人，聚焦于最为匹配的合作对象。

想一想，如果你更加专注于这件事会发生什么。成交的质量和数量会提升吗？在年底的时候会赚到更多的钱吗？根据我的经验，是的，一定会的。

我坚信，你所需要的一切都已经准备就绪，在你心中，在你手边，只需要你付出努力就能看到。

优化矩阵

你的矩阵已经在努力了。但对你来说这个方向是正确的吗？你是否考虑过那些可以让生活更美好的事情，或者你是否考虑过避免那些让生活更糟糕的事情？这两者是有区别的。

将你的矩阵思维转变成一个更积极的框架，消除恐惧和焦虑，替换成自信和前进的动力。要做到这一点，有两个关键点。

首先，务必有意识地做思维提升，用积极正向的方式构建思维。要设定好你的目标，这样你会为目标的实现感到兴奋，而不是因为避免了危机而松一口气。

其次，重复、重复、再重复！

你必须持续不断地、有意识地在矩阵中填充你中意的想法。让信念与你合二为一，直到你甚至意识不到它们的存在。然而，你的矩阵不会懈怠。矩阵将发挥它的作用，成为你最大的盟友，把你的想法变成结果。你可以通过刻意重复的感觉、词语和视觉画面给矩阵编程。如果你想成功，就要坚持不懈。

进一步分解，矩阵激活的状态也来自悉心准备：积累知识和勇气、允许自己失败、允许自己规划自己的道路、心怀感恩等。此外，把你生活中的拖延都清理掉。正如新英格兰爱国者队（New England Patriots）的前老板、企业家维克多·基姆（Victor Kiam）所说："拖延是机会的杀手。"相反，变化是机会的发起人。

应该去和漂亮姑娘跳舞的时候，你就别呆坐场边。否则，随时会有另一个男士捷足先登。然后你就会被甩在酒吧里，气冲冲地灌醉自己。

几乎没什么比你错过的机会更昂贵。你为之付出的代价是后悔、怀疑，以及一种挥之不去难以释怀的感觉。

英国哲学家培根曾说："聪明人不仅发现机会，更会创造机会。"

以这样的方式，“多一个”的思考者总是有意识地寻找机会。他们把矩阵设定好，让它持续运作，并通过不断重复去打磨优化，让矩阵这个工具发挥出强大的作用。

当矩阵激活，眼前的现实弯曲，你开始发现多一个机会。这些机会将以前所未有的方式展现在你的面前。

3

第3章
多一次尝试

没到结局就不算结束。

——尤吉·贝拉[①]

如果想在一生中取得一些有意义的成就，你必须掌握的一个策略是“多一次尝试”。

原因如下。

“多一次尝试”不会在生活中单独起效。这是一个总体的概念，与本书中其他多个策略相联系。

我的一个核心信念是复利很重要。复利发生在你一次又一次尝试的时候。当你成功地践行了“多一次尝试”的心态，就

① 尤吉·贝拉（Yogi Berra），美国棒球明星。——译者注

会为自己创造和积累更多的胜利成果。

每一次胜利都会促成进步，让你逐渐靠近目标。把每一次的进步逐个累积起来，你的生活就会发生重大的长期变化。

下面举一个简单的例子来说明这一点。当你小时候第一次尝试骑自行车，肯定不会骑得多么好，对吧？你可能从加辅助轮的自行车开始尝试，慢慢地走，爸爸妈妈在旁边扶着你，让你保持稳定。

当你一天又一天爬上自行车，逐渐学会了更好地保持平衡、踩脚踏板、向前蹬。终于，辅助轮摘掉了，虽然速度很慢但你很笃定地开始自己蹬起来。没过多久，你就可以骑车在大街小巷“嗖嗖”穿行，自由自在。你的生活从此改变了。

除非能理解并欣然接受“多一次尝试”所具有的根本性的、改变人生的力量，否则你不会真正明白，为什么试着多打一次电话、在健身房多做一套练习、在会议上多认识一个人或者多学一项技能是多么关键，是可以让自己出人头地的改变。

当你跟随其他人的行动、做同样的事情，只会得到和其他人同样的结果。当你实践“多一次尝试”的心态，会当场看到自己最大的成功和最重要的个人成长。

这样做也会让你比竞争对手更有信心。这算是一个秘密武器。虽然对手可能根本看不出来，但你心里明白，你愿意比他们做得更多。你比他们更想“多一次尝试”，这对你来说是个巨大的优势。

这不是什么新鲜主意。有句话说得好：“那些认为自己能够成功的人和那些认为自己不能成功的人，都是对的。”

一个人能把事情做到什么程度，取决于对自己有多少信心。自信会点燃你的信念，相信自己值得“多一次尝试”。

很多人都喜欢把自己看作高效能者。如果你自认为是“超额完成者”，就是在宣称，你的行事标准高于基本要求。

要想成为一个高效能人士，你必须彻底拥抱“多一次尝试”。

还有一个关键步骤。即使你愿意做别人看不上的事，也必须在所做的每件事中用心寻找机会。这种心态必须成为你的第二天性。当你花足够长的时间练习这个策略时，它就会变成你的一种条件反射——根本不用想，就这么做了。

在一个更基本的层面上，必须相信自己，你可以为自己创造“多一次尝试”的生活。这和自信有点类似，但更多的是创造更高层次的自尊。许多人并没有充分了解自己，他们生活的局限性来自内心。我见过很多人变成了自己最大的敌人。

我不相信这种限制的心态，也不希望你相信。没有什么事是一定要如何的！

很早以前我就明白了，每个人内心都有足够的智慧来创造自己想要的未来。出于各种原因，大多数人根本没有踏足心中智慧的富矿。我们屏蔽了自我的那个部分，接受了匮乏。

有些时候，我们不得不接受匮乏的生活，是因为生活中缺少值得跟随的榜样，或是苦难的经历使我们精神脆弱。我们在批评中萎靡，拒绝深入挖掘，拒绝去发现连自己都不曾意识到但其实内心已经拥有的坚韧和勇气。

这个思路应该会让你兴奋。要想真正有所突破，“多一次尝试”发挥作用的地方往往不是大多数人都挤作一团的赛道，而是大多数人都坚持不下来的赛道。他们不愿意像你那样付出努力。所以，他们不会得到像你那么好的结果。

相反，当你自我提升后达到新境界，“多一次尝试”成了常规操作，平均法则现在对你有利。简单概括就是，尝试越多，成功越多。

就从这里开始吧，这是很好的助推力，帮助你开始实践“多一次尝试”。

敲开皮纳塔

“多一次尝试”非常重要，所以我想给大家举几个例子，来说明一个基本要点：在生活中，我们常常没有感觉到自己取得明显的进步，即使真实的情况是我们确实正在进步。

我最喜欢的一个例子是“敲开皮纳塔”。

生活就像在皮纳塔旁边挥舞球棒。这个比喻可以很好地帮助我们理解“多一次尝试”有什么影响。因为没有可见的外部证据显示我们正在取得进步，所以人们往往在敲到糖果之前就放弃了。

最好的例子来自几年前，当时我去参加一个五岁孩子的生日派对。派对上有一个皮纳塔，孩子们一个接一个地戴上眼罩，走上前来，拿着一根球棒，原地转几圈，然后开始对着皮纳塔挥舞球棒。

开始的几个孩子轻轻碰到了皮纳塔。他们晕头转向，不知道该往哪个方向挥舞球棒。即使派对上的其他同伴提供了善意的帮助，他们也没有对皮纳塔造成明显的破坏。至少表面看起来是这样！

没有东西掉出来，那些孩子有点沮丧。他们没有意识到的是，皮纳塔的内部正在慢慢变得松散。

后来上去的孩子们对这个游戏有了更多的了解。他们走上前去，手里拿着球棒，挥舞起来。有好几个人结结实实地打到了皮纳塔，并造成了一些破坏，虽然他们自己可能不一定知道。

前面几次敲击在皮纳塔上的复合效应起了作用，即使皮纳塔的表面看起来还是坚挺的。每一次击打敲下去，孩子们都取得了看不见的进步，越来越接近最终的目标——把皮纳塔完全敲开。每看到一次敲击，孩子们都期待地尖叫起来。又敲了几下之后，孩子们感觉到纸糊的野兽变得脆弱了。尽管如此，皮纳塔还是没裂开。

当所有的孩子都依次玩过之后，小寿星站起来准备上场，妈妈帮他蒙上了眼睛。

那个小男孩弓起背，用你所见过的力气最大的“多一次尝试”，把那个皮纳塔完全敲开了。

你知道接下来会发生什么？十几个孩子一拥而上，把皮纳塔里面掉下来的好吃的都填进嘴里。

是那最后一次敲击把皮纳塔彻底打开了吗？绝对不是。是所有敲击的合力完成了拿到糖果的目标。

太多的人在拿到糖果之前就放弃了生意，放弃了锻炼，甚至放弃了人际关系！虽然他们其实正在取得进展，但从外面不一定能看得出来。

我给你的建议是，继续敲打你人生的皮纳塔。不管能不能看出来，你取得的进步比想象的还要大。

听到这里，感觉与自己的生活找到共鸣了吧？我们都朝着皮纳塔不断挥舞球棒，然而在开始的阶段，通常很难敲开皮纳塔。

你和梦想与目标之间的距离比你想象的更近。皮纳塔就是对这个概念的完美隐喻。

和那些孩子一样，你在人生中取得了看不见的进步。然而遗憾的是，大多数人并没有长时间坚持下去，没能最终享有这些进步的果实。

然而，当你知道自己在进步，即使不能直接看出来，你也会对过程和任务本身更加专注，以完成心中的目标。

由于你曾经尝试过，努力就会带来结果，所以看不见的进步不仅是一种信念，更是你学到的人生道理。

当皮纳塔真的被敲开的一刹那，我们会产生一种抑制不住的激动心情。

你已经经历过很多次了，很清楚那是什么感觉。

其实，敲开皮纳塔的难度越大，最后的激动之情就越强烈。当我们一次次挥舞球棒，期待感也层层叠加，信心逐渐增强。如果你仔细体会那种忍不住要喊出来的冲动，甚至能感受到一丝怒气。

在你的皮纳塔里，掉出来的“糖果”可能就是你能想到的最幸福的事情——可能是财务自由，可能是与你生命中最特别的人相爱，可能是得到了梦寐以求的工作。

这全部要归功于你没有放弃，你做了“多一次尝试”。随着时间的推移，那些努力不断累积，直到你得到想要的结果。

你必须排除那些唱反调的人和所有的消极干扰，集中精力把你的皮纳塔完全敲开。有时你会感到迷失方向，怀疑的念头可能会爬上心头，你可能会认为这个目标不值得。除非你学会如何搞定这些，否则就永远没机会享受皮纳塔里藏着的好东西。

只要坚持的时间足够长，你终究会享受到自己的劳动成果。在你的圈子里，支持你的人也会欣赏你的坚持和成果。

把你的球棒挥舞起来，对着皮纳塔敲足需要的次数，拿到里面的糖果。人生中有很多皮纳塔等待你去敲开，然后享受那份惊喜。

父亲、女儿及“多一次尝试”的力量

我想分享一个故事，它发生在 1998 年 4 月 26 日，这个日子对我来说意义重大。

当时我还是个商界新人，那天晚上我计划给团队中 40 个人做一个报告。邀约确认工作不太理想，演讲开始的时候，只有 8 个人到场。

我崩溃了。

我开始怀疑这个职业是否适合我。我开始想，也许还有更有价值的事情值得去做，也许我应该干点其他事情。我很沮丧、很气馁，不知道该不该继续这样做下去。

我坐下来，以前所未有的坦诚和自己谈了谈。能做的都已经做了吗？是否在正确的时间做了正确的事情？我真心需要确定，自己是否已经全力以赴。

我诚实地对自己回答："还没有。"一向骄傲的我很难向自己承认这一点。虽然很难，但很有必要。

更重要的是，我不得不承认自己的缺点。在那之前，我一直遵循着一种模式，当事情变得艰难或尴尬时就放弃。我发现拔掉电源插头很方便，轻松极了。

那次，我没有一走了之，而是坚定地坚持着，决心再尝试一次。我要用尽最后一口气，尽我所能，确保我已经为了选定的事业付出了最好的自己。

退缩和放弃不再是我的选择。我把过去的限制性身份抛在脑后，推出了一个新的自己。经过那场坦诚相见的自我交谈，我拒绝屈服，决定通过"多一次尝试"走完这段路，而我的人生也从此永远地改变了。

从那天晚上开始，我的努力和心态转变成了一种业务状态，回馈给我数亿美元的收入。

还有一个例子想和大家分享。

友情提示：接下来是一位父亲充满自豪的分享。为人父母的朋友肯定能理解我的想法。

写到这里的时候，我女儿贝拉 17 岁了。哇，时间都去哪儿了？

值得称赞的是，她最近决定要出去找份工作。贝拉去一家本地比萨店应聘，面试很顺利。他们准备聘用贝拉，但最后一个问题绊住了她。

他们问她是否满 18 岁了。由于比萨店供应啤酒，在这里工作需要年满 18 岁，而贝拉还没到 18 岁。

面试一结束贝拉就给我打了电话，分享了这个坏消息。她很沮丧，我也很难过。当孩子受伤的时候，父母也会心疼。

但这并不是故事的结局。

半个小时后，贝拉又打来电话。话筒中传来的第一句话是——

“爸爸，我找到工作了！”

那种感觉就像是你的女儿砸开皮纳塔让大家拿到了糖果。我甚至说不清楚我有多高兴，而且我非常好奇发生了什么。

经历了一次令人失望的挫折之后，大多数青少年都会夹着尾巴回家。但在离开比萨店时，贝拉注意到隔壁有一家小咖啡馆。1000 个找工作的年轻人中有 999 个会直接走过，但贝拉没有，她推门走进去，开始和女主人交谈。

事情就一件接一件地发生了。原来这家咖啡馆正想雇人，而且，没有 18 岁的年龄要求！贝拉见了经理，当场就被雇用了。

这就是我美丽的女儿如何使用“多一次尝试”，把潜在的失败变成了胜利。

这是我能想到的最好的例子，来说明推自己“多一次尝试”能对你起到多大的作用。放弃本来是件很容易的事，但因为贝拉努力去和多一个商家谈了谈，她得到了一份工作，这改变了她的生活。

也许其中最酷的部分是，她完全靠自己做到了这些。

有其父必有其女。

这是我这辈子作为父亲最骄傲的时刻之一。

“多一次尝试”助你成为高成就者

变身为高成就者的道路与“多一次尝试”直接相关。尝试越多，成就越大。

这里有高成就者的三个原则值得关注。

极致条件催人成长

你最重要的收获不是来自当前或以往去过的地方。当你把自己推向新的领域和新的边界时，最大的收获和最大的成功就会出现。你创造了一个相对于原有条件的极致条件，通过这样的方式，你拓展了获得成功的能力。你的能力水平提升到新的基准。

当你可以越来越自如地把自己推向极致时，你会变得更加自信，因为你知道挑战通关之后会收获什么。

如果你担心会把自己逼到筋疲力尽的地步，那大可不必。我不是说你不应该得到休息。但是我发现，大多数人的疲劳是因为身体活动得太少，而不是太多。

高强度的身体活动会产生能量，这种能量可以滋养你。就像电池中的电量没有得到使用，时间久了，电池就没电了。

但是当你使用能量时，会产生更多的能量。当产生了更多的能量时，你就可以做到极致。一旦达到极致状态，你就能够看到它、感觉到它、触摸到它，并理解新层次的能力对你来说意味着什么。

了解我的读者都知道我的格言是“开足马力”（MAXOUT），现在你们知道其中的原因了吧。30 年来，我已经非常明白，让生活开足马力会创造出一个新的极致水平。新的极致水平创造出新的能力和境界，你将从中成长并获得最大的收获。换句话说，当你开足马力时，你的能力也在飙升。

胜利是个数字游戏

如果想成为高成就者，那么对于任何有重要意义的事情，你都必须创造出更漂亮的数字。

在很大程度上，成功取决于你有多大的决心一次又一次地执行基本任务。你必须学会把简单的事情做好。你必须痴迷于不断地完善流程，直到你重复的次数足够多、数字足够大，最终将胜利收入囊中。

高成就者思考的角度不是在质量或数量中二选一。他们同时追求质量和数量。

泰格·伍兹每天练习打高尔夫球 2~4 个小时，他可不是走走过场。他痴迷于重复练习正确的击球动作，每次都做同样的后摆、同样的击球和同样的跟进。

如果看过迈克尔·乔丹和芝加哥公牛队的纪录片《最后之舞》，你就会看到乔丹是多么努力地鞭策自己。同队的球员对迈克尔的训练强度要么适应，要么就坚持不了多久。乔丹创造的纪录不是偶然得来的。他明白，必须持续努力，长期坚持训练，才能在比赛中取得各种各样的胜利。

高成就者都会把“多一次尝试”融入他们的每日常规动作中。正如我前面提过的，当你提升到高成就者的水平时，竞争会减少，你会取得各种意义上更大更好的胜利。

也许你的生意常常顺风顺水。也许你还没有把“多一次尝试”充分运用发挥出其最大优势。每个人都会经历高峰和低谷，但不要在低谷中徘徊太久。当你没有付出最大的努力时，你是能感觉到的。你心里清楚，那时候没有竭尽全力使自己和生意取得成功。

有时候你可以逃避自己，但你无法逃避数字。

记录下来的数字是白纸黑字，直接反映出你的努力程度。你很容易去比较月度或年度的销售额、通话次数和其他指标，也很容易去记录多久去一次健身房、举铁做了多少组、举起的重量是多少或是每周跑了几公里。

如果你记录的数字没有超越竞争对手，甚至还不如你自己以往的表现，就不可能在竞争中占据主导地位。

一切都是从无到有

当你推动自己清空内心的一切，毫无挂碍时，一切都会被创造出来。这个道理也可以用到生活中。

当你把自己清空，就为新的体验、目标和努力创造了空间。李小龙也表达过同样的观点，他说：“把杯子倒空，才能再次将它斟满。”

我说的不是要把自己逼到体力不支。我说的是永远要再多做一点。这样做的时候，你就是在倒空自己。当你再也挤不出什么的时候，就达到了一种前虚无（exnihilo）的状态。

此时，你已经准备好了进入更高的能级，让自己再次充实。

让“多一次尝试”的力量为你工作

生活不会把机会递到你手上。

你需要成为那种走出去为自己创造机会的人。不要等待！要有进取心，要明白“多一次尝试”不一定是完美的。只需要你去试试。当你逃避“多一次尝试”的时候，你的行为只是在掩饰内心的不安全感。

即使努力“多一次尝试”却没有得到满意的结果，当下一次再尝试时，你也不是从零开始了。你将从一个新的经验水平出发，可以利用过往的经验提升这一次的成功概率。

在实践“多一次尝试”时，你还将创建新的能级。在这里，你会找到你最满意的状态。“多一次尝试”的次数越多，你获胜的次数就越多，因为只要你执行力强、付出最大努力，获胜往往就只是一个数字游戏。此外，请时刻牢记，当你毫无保留地去做每一个可能的尝试时，生活会充满了新创造出来的可能性。

“多一次尝试”的关键是要用心。你必须足够坚强、足够专注，向着心中的目标一步步靠近。

这件事并不容易，需要默默坚持到底的决心。

也许，正如玛丽·安妮·拉德马赫[①]曾说过的：“勇气并不总是振聋发聩的高声宣告。有时候，勇气就是，一天结束时平静地说一句‘我明天再试一次’。”

---

① 玛丽·安妮·拉德马赫（Mary Anne Radmacher），作家、艺术家，《你的生活你做主：有目标地开始你的每一天》一书作者。

4

第 4 章

多一个与时间管理的五项原则

对于睿智的人来说，每一天都是一种新的生活。

——戴尔·卡内基[①]

所有人都接受这个事实：一分钟有 60 秒，一小时有 60 分钟，而我们大多数人都还以为一天有 24 个小时。

你可能会想："当然啦，一天就是这么多时间。对吧？"

高成就者不会这样想，"多一个"的思考者也不会。反之，如果我能教会你如何弯曲多重时间，你感兴趣吗？"多一个"的思考者的一天不止有 24 个小时。

---

① 戴尔·卡内基（Dale Carnegie），被誉为是 20 世纪最伟大的心灵导师和成功学大师，代表作《人性的弱点》。

我将展示如何在一个 24 小时的时间块中得出 3 天的时间。我知道这听起来很疯狂，但其实不然。

有一个特别重要的方法，从 20 年前我第一次使用开始，就成为我一直以来的成功秘诀。我用这个方法，并结合其他一些时间管理原则，把工作日数量变成了原来的 3 倍，进而帮助自己把工作效率提升到原来的 3 倍。

“多一个”的思考者从独特的角度感知时间。现在，我要把这个方法教给你。

你与时间感知的关系

时间是永恒的。我们却常常把时间当作一个变量。下面这些话你听过很多次了吧？

“啊！这一天太漫长了！”

“这个月一晃而过。”

还有我本人最喜欢的一句——

“简直不敢相信，周末竟然已经过完了。”

随着我们的经历、年龄、现状、休息时间及忙碌程度的变化，对时间的感知在不断变化。科学家称之为“心理时间”，与钟表上显示的“物理时间”完全不同。心理时间是你对时间流逝的感受，而物理时间是一个恒定的时序，由钟表秒针的滴答声计数。

时间是我们存在的基本要素，也是我们感知周围世界的基本要素。我们对自己的感知，是由大脑连接过往的记忆、当前的感觉及对未来的预期而形成的。神经科学家、语言学家、心理学家和认知科学家对时间的感知已经进行了数百年的广泛研究。研究人员已经获得了若干发现，例如，每个人的感知持续时间（perceived duration）都是独一无二的，而且并非集中于某个单一的感觉系统中。实际上，时间感知（time perception）是一个混合分布系统，涉及大脑皮质、小脑和基底神经节。

这里画重点。一旦明白了人可以调节自己对时间的感知，你就可以开始弯曲时间，让它为你所用。

时间是你最宝贵的财富

时间比金钱更宝贵。金钱是一种可补充的资源。你可以给银行账户存进去更多的钱，但不能给生活添加更多的时间。一个人的时间是有限的。如果你 40 岁了，就不能把日历翻回去，重新变成 30 岁。

历代作家、艺术家，尤其是词曲作者和诗人都把时间浪漫化了。

> 世界上最强大的两位战士是耐心和时间。
>
> ——列夫·托尔斯泰
>
> 最聪明的人最讨厌浪费时间。
>
> ——但丁

在关于时间的名言中，我最喜欢的可能是最简单的这一条，即来自本杰明·富兰克林的“时间就是金钱”。

当你的某段时间结束，就没有重来的机会了。你无法收回时间。然而，这项我们最有价值的资产却经常受到操纵。

心理时间是一个人感知到的时间，与大脑对特定变量的解读直接相关。

随着年龄的增长，大脑对心理图像的处理速度和感知速度都会下降。这是自然衰老过程的一部分。视力和大脑可塑性下降，传递信息的神经通路退化。这些变化导致我们感觉时间在加速流逝。即使某个单独的行为发生在几分之一秒，也需要更长的时间才能被感知到。一天中我们会损失掉数千个这样的瞬间。

还有其他几个变量我们也无法控制。当身体疲劳时，大脑就不能快速地传递和处理信息。疲惫的大脑无法以最优状态对视觉、听觉、触觉输入的信号进行接收和处理。我们做出反应的速度变慢了，这也让我们觉得时间在变快。事实上，只是我们与外界的交互变慢了。

这就是休息不好的运动员会打不好比赛的原因。他们的应变能力关机了。于是，他们的时间感失衡，不能有效地观察并应对比赛中的变数。这也是即使是 NBA 最好的投球手有时候也会 20 投 4 中的原因之一。

心理创伤、服药情况、剧烈惊恐、多动症、孤独症、抑郁症、精神分裂症及其他因素也可能会极大改变人对时间的感知。

时间管理的五大原则

在过去的 20 年里，我一直痴迷于研究“最大化利用时间以高效完成目标”。我很早就发现，必须尊重时间的本质。高成就者普遍对此高度认同，把尊重时间的本质作为成功的根基，我也不例外。

和其他变量一样，与时间的关系会深刻地影响你的人生能走多远。我尝试过各种各样的时间管理策略。根据自身理解，我已经对这些理论进行了增补或提炼。最终，我开发出自己的时间管理系统，我称之为时间管理的五大原则。如果你能在自己的生活中适应和掌握这些原则，就会享受更多的成功、更高的收入、更高的效率、更丰富的幸福感，并且创造出你乐意享受的人生。

我们来看看这五大原则。

1. 把一天变成好几天

“多一个”的思考者应该抛弃一天 24 小时的概念。虽然这个概念曾经运转得不错，不过那是很久之前的事情了，在互联网、智能手机、无线技术、智能汽车、飞机、卫星及其他让我们扩大足迹、以光速移动的工具出现之前。

现在，我们可以瞬间发送电子邮件到世界上任何地方；可以 24 小时不间断地与几十人甚至数百人举行电话会议；不用去图书馆或者去查百科全书，在搜索引擎上就可以搜索任何东西，几秒钟之内就能得到答案。

完成任务的能力呈指数级增长。查找信息、联络沟通、交通移动的速度仿佛光速般快捷。这就是为什么，如果你想成为一个高成就者，一天 24 小时的概念已经过时了。在我的世界里，在所有“多一个”思考者的眼中，这个概念不再适用了。

我们现在能够在 5 分钟、1 小时或 1 天时间里完成的事情比 100 年前的一周或一个月完成的还要多。压缩时间的能力，就是为了达成最佳目标而弯曲和操纵时间的能力。猜猜这对你的目标有什么影响？这会让目标以前所未有的方式出现在你面前。与目标越接近，你自然会带着更大的紧迫感奔赴。

这里有一个你今天可以付诸实践的心态，非常好用。我用了 20 多年，亲测有效。

有时候，你会度过顺利的一天，一切都进行得有条不紊。你可以在四五个小时内搞定一大堆事情，比平时一整天工作的效率还高。又或者你有过这样的体验，一天里搞定的事情比平时整个月还多。如果每天都能复制这种效率该有多好？

方法如下：

不要把一天当作一块单一的时间。把你醒着的时间平均分成三份，可以看作三“小天”。对我来说，我的“第一天”从早上 6 点到中午，“第二天”从中午到下午 6 点，“第三天”从下午 6 点到午夜。你一周活 7 天，而我一周活 21 天。

这就是我用来给时间涡轮增压的方法。通过划分出更短的一天，我的头脑相信每一分钟变得更有价值了。我不会去浪费时间，因为我的紧迫感运行在一个更高的层次上。我更专注于“今天”需要完成的事情。用这个策略，我把分配在工作、人际交往、健身和娱乐上的时间，压缩成更短、更密集的节奏。终点线缩短了，于是我所做的事情就更多地变成了冲刺。

别因此而忽视了保持生活的平衡。你的时间安排仍然要照顾到生活的各个方面。你需要做的只是把一天当中被浪费掉的时间里的水分挤出去。一开始，你可能会害怕，不敢尝试。但当你真的迈出这一步，就会用有效的新习惯替换不好的旧习惯。你会行动更迅速，对时间的控制也越来越好。

坚持这种心态，会产生一个很酷的效果。想象一下，一个月、一年甚至十年里每周工作 21 天的复合效应有多大？再想象一下，你用这个方法度过余生。现在，和你的竞争对手比一比，他们还在把一天看作一个 24 小时的时间块。在我眼中，在同样的时间框架里，我比那些认为一年有 365 天的人多活了 700 多天。

谁更有优势？答案已经在你心中了。

我就是展示这个策略效果的一个生动的例子，而且到目前为止，我的成果还不错。

2. 对时间更有紧迫感

德国哲学家阿瑟·叔本华（Arthur Schopenhauer）曾说过："普通人不关心时间的流逝，而有才华的人受到时间的鞭策。"你想成为普通人，还是想成为有才华的人？

紧迫感是关键。根据我的经验，奔跑的速度与到终点的距离有直接的相关性。

如果你观察过比赛中的长跑运动员，那么可以想想为什么最快速度往往出现在比赛的最后一圈或最后一段？在全程 26 英里（约 42 千米）的马拉松比赛中，你需要尽量保持稳定的速度。然而，当接近终点时，肾上腺素开始分泌，你会启动另一套动力系统。距离完成任务和跨越终点线越来越近了，你鞭策着自己。身体释放内啡肽，让你感觉到一阵阵温暖、积极的能量。

现在来看 100 米短跑比赛。这是一个从开始到结束的冲刺。比赛时的紧迫感很强。在短跑中要做到最好，就需要保持与长跑不同的心态。你的身体和大脑会根据情况做出不同的反应。

导致人们失败的原因并不是他们分不清状况，而是冲刺时的状态是需要专门唤起的。

对深度距离的感知会影响唤起紧迫感的能力，进而影响你的表现。当目标比较远的时候，你就向着目标慢跑；当目标近在眼前时，你就要冲刺。

再举个例子。假如你是名大学生，在学期初布置给你一项大作业，项目截止日期是学期末。你会立即着手开始干活吗？大多数人会把这个项目放在巡航控制模式上，默默地搁置在书架最上面一层，心里想着以后再处理不迟。直到，截止日期开始慢慢逼近。

到了某个时间点，你开始慌乱、害怕、恐惧，“我讨厌上大学”“还不如去酒吧打工算了”这些念头纷纷出现。如果当时尽早开始行动，带着紧迫感攻下这个项目，在你心头纠缠的那些妖魔鬼怪早就被消灭了。

如果把对时间的紧迫感应用到在一天、一周或一年中所做的每件事情上，你就能完成更多的事情，并享受到别人梦寐以求的成就感。

3. 学会掌控时间，不要被时间控制

带着紧迫感管理自己的时间，你会成为时间的主人而不是奴仆。行动更迅速，会让你对时间更有掌控感。你感觉到紧迫，

但在你看重的事情上也有了更大的发言权。这会让你把更多时间分配在对你有意义和有回报的事情上。

对时间的掌控是一种心态，早晨大脑清醒过来时就应该开启这种心态。如果你有了正确的心态，对时间的掌控甚至在清晨双脚落地之前就已经启动了。当你醒来的时候，大脑已经开始安排这一天的时间了。你是否注意过一天中出现的第一个念头是什么？每天最开始的 30 分钟是至关重要的。

这时候，特别“是时候”引用英国政治家切斯特菲尔德（Chesterfield）勋爵的一句话：“把每一分钟过好，那么每个小时自然会过得好。”

你如何度过一天最开始的 30 分钟，将为接下来整天的时间奠定基调。这意味着，要远离手机、电脑、电视等任何形式的信息输入产品，避免分散注意力，确保保持对重要事项的关注。你可以利用这 30 分钟——安排今日计划，回顾会议、电话和项目情况，明确优先事项、冥想、祈祷、拉伸、恢复内心平静，以及再次确认做事标准，并向自己汇报目标的完成进度。

在大脑被一天当中各种人、事和信息弄得乱七八糟之前，你还有机会集中注意力。这样，大脑接收到的信息是你在掌控一切，而不是世界在控制你。你会充满信心地朝着自己心中的目标，开始更美好的新一天。

当然，在接下来的时间里，意外、变化和调整方向等状况会层出不穷，你需要对此做出适当的应对。但是在处理突发状况之余，你不只是被动应付其他人，而是可以更好地掌控生活，朝着自己的人生目标努力。

换句话说，**你要么主动安排好这一天，要么被动接受发生的一切**。

4. 经常评估自己的表现

只要评估做得好，绩效提高少不了。评估的一个关键点是要尽量贴近评估目标。从金格·金克拉（Zig Ziglar）到彼得·德鲁克（Peter Drucker），个人励志与组织管理领域的每一位重要专家都把评估的理念融入他们的基本策略中，原因很简单——

做工作表现评估，很有效。

当时间框架缩小，紧迫度提高，你也需要缩短工作表现评估的时间间隔。如果你不花时间去做评估，就要花费时间做路线校正，后者显然更难熬。这会导致效率低下和时间浪费。

需要确保你在对正确的指标进行评估。明确自己的目标、优先级和标准，了解这几个要素是如何互相牵制并协同工作的。不仅要学会识别弱点，还要学会识别这些弱点的潜在来源。

加州大学洛杉矶分校的传奇篮球教练约翰·伍登（John Wooden）对此看得很透彻，他说："如果你没时间把事情做对，那什么时候有时间再一次做到呢？"伍登坚持每件事情都要用正确的方式去做，包括球员应该如何系鞋带。多年来，他对球队的每一项技术、每一个过程都进行了精准的调校，丝毫没有妥协，几乎每天都会评估现状与目标之间的差距。

也许你的目标是5分钟跑1英里，也许是把销售额提高50%，也许是把收入提高5万美元，除非你去看这些数字，否则怎么知道是否达成了目标？但凡有一点偷懒，你就是在胡乱扔飞镖，却希望能侥幸正中把心。

一般人每年对自己进行一两次评估。但是，仅仅制定新年计划对“多一个”的思考者来说是不合适的。最优秀的人会对自己进行每月或每周的评估。

你会在每周五晚上总结一周的成绩吗？你会在每周日晚上盘点并制订下周计划吗？那些最优秀的人，“多一个”的思考者们，每一天都在做这些总结和计划。

甚至，还有比每日评估更厉害的。有些人每小时对自己的表现评估一次。高成就者会在紧急情况下触发这样的内部机制。我已经训练自己做到了这一点，绝对不骗人，虽然听起来很难，但这项自我约束对我很有用。

停下来思考一下。哪种人会做得更好？是缩小评估间隔的人，还是很少做评估的人？相信你已经知道答案了。

5. 着眼未来

太多的人被困在过去。这扼杀了他们在当下的生产力，剥夺了他们对未来的计划。

过去的已经一去不复返了，但在你把它放下之前，过去就是一个小偷，会偷走你梦想和想象的能力。你需要花点时间思考未来，因为那是你前进的方向。你还必须与当下保持联结，因为这是建立更美好未来的途径。

很多人陷入了一个怪圈，他们盼着“只要”某个大事件发生才能彻底改变眼下的生活。看到这样的人，我真的很生气。

想摆脱糟糕的人际关系或试图与糟糕的家庭情况保持距离的人，特别容易受到过往思维的影响。

这并不是说你不应该去解决过去的创伤。你必须找到一种方法来处理创伤，并向前看。如果做不到这样，那么受伤害的人就只会是你自己和你现在关心的人。

反之，如果你有过很棒的人生经历，无论是获得过更高的学位、在职场突飞猛进还是结婚成家等，都不要陷入与过去纠缠的陷阱中。那些东西很好，但如果过于依赖曾经那些闪光时刻，你就无法活在当下、无法建设一个更好的未来。正如可可·香奈儿曾经说过的：“不要一边捶墙一边盼望把墙变成门，纯属浪费时间。”

“多一个”的思考者有一种与生俱来的能力，他们付出时间去展望自己的未来，同时果断采取行动，从此刻开始塑造未来。

改变别人对你的看法

当你把时间管理的五大原则融入生活中时，别人对你的看法也会随之改变。当人们看到你不再浪费时间，他们也不再浪费你的时间了。因为他们看到你再也不会花太多时间“照顾”别人的优先事项，而是专注于做好自己的优先事项。

在工作中，你需要妥善处理这个问题。想办法把雇主的目标变成你的个人目标，并将两者和谐地融为一体。

朋友、家人和同事会理解你，知道你在生活中正处于主动进攻模式而不是被动反应模式。他们会尊重你，你们之间的关系会得到重新定义。这是一个额外的好处，会给你的生活带来新的变化。原来，你新发现的时间管理其实是一种崭新的人生管理方式。

此外，当你改变了对时间的态度，就会乐于结识志同道合的新朋友、启动新项目、开始新的冒险——过去的你可能会以为那是无法实现的白日梦。

留给你们最后一个关于时间的观点，来自达尔文的“敢浪费一个小时时间的人，还没有发现人生的价值”。

别再浪费时间了。开始弯曲时间让它为你服务，去做你人生中最重要的事情吧。

5

第 5 章
多一个情绪

未表达的情绪永远不会消失，它们只是被深埋心底，有朝一日会以更加丑陋的方式爆发出来。

——弗洛伊德

爱与恨，欢乐与悲伤，平和与气愤，极乐与狂怒。

为什么理解情绪如此重要？如何能利用情绪在生活中获得一定的掌控感？这一切源于我们的生活与情绪质量直接相关。

一个常常感到幸福、快乐、爱、平静和热情的人，往往过着妙不可言的生活。一个被仇恨、悲伤、沮丧、愤怒和焦虑控制的人，十有八九生活得不太如意。

决定人们生活质量的不是房子、车子或其他物质财产，而是情绪质量。**你有一个情绪家园，每天都生活在其中**。你生活的现实，就是如何用你选择的情绪来填满这个家，这比任何事情都重要。

我们每个人每天都在情绪家园里经历五六种长期持续的情绪。不管生活条件怎么样，你都能体验到那些情绪。每个人都习惯于回到自己的情绪家园，即使那些情绪对我们没什么好处。

你有没有注意到，无论生活中发生了什么，你似乎总能找出那几种相同的情绪？例如，你可能会寻求担忧、不安全、恐惧和焦虑的感觉，却不一定是因为你想要那样。那样做是因为你对那些情绪很熟悉。头脑总是在寻找熟悉的东西，因为那会让我们感到某种程度的舒适，即使那些熟悉的东西对我们没什么好处。大脑中的突触就是用来寻找和发现那些熟悉的情绪的。

你生活在那个情绪家园里。而事实上，如果要改变你的生活，就必须做个大扫除，改变那个情绪家园。

当然，这并不是说所有的情绪都不应该存在。我们以为的，总是要追求积极情绪、避免消极情绪，其实是一种谬论。所有的情绪都以这样或那样的方式在为我们服务。有些焦虑和幸福快乐一样重要。焦虑是大脑用来保护我们的警告系统。

我们感知到的负面情绪在很多情况下也发挥着重要作用。情绪没有消极和积极之分。情绪只是“存在”。

情绪的积极面和消极面都必须得到有意识的管理。某种情绪泛滥，不管是积极情绪还是消极情绪，对你都没好处。你的目标应该是抛开生活中外部因素的影响，比如做什么工作、住什么房子、开什么车，而要在情绪家园中感受具体的情绪。

令人惊奇的是，当你把情绪家园整理好了，就更有可能得到向往的工作、房子、车子。很多人误以为他们只有得到了这些东西，才能感受到与之相关的积极情绪。“多一个”的思考者则自己掌控情绪开关。

“多一个”的思考者每天、每周、每月、每年都有意识地整理自己的情绪家园，并决定哪些情绪是他们最想体验的。作为一个“多一个”的思考者，问问自己：“我最想体验的五六种情绪是什么？”

这样做的时候，你大脑中的网状激活系统就会开始工作，找到能为你创造这些情绪的环境。一旦这个系统被激活，有害的情绪将被消除，取而代之的是积极情绪，这会充分激活你的最佳状态。

了解情绪的 DNA

你对自身所有情绪之间的起源和关联了解越多，就越容易摆脱破坏性情绪，用积极的情绪取而代之。

情绪是一个人性格的主要驱动力，对你每天所做的数百个决定有很大的影响。情绪很复杂，有时是不可预测的，可能会在任何时间以完全意想不到的方式冒出来。柏拉图说过：“人类行为的主要来源有三个：欲望、知识和情绪。”欲望和知识是我们在生活中习得的对外部刺激的反应。

情绪则不同。人类生来就是情感丰富的生物。情绪会不断演变，每个人情绪状况的复杂性都是独特且唯一的。情绪引导我们的行为，并且创造了 DNA 必不可少的一部分。

科学家已经了解到，情绪被编码到DNA中，是人对外界刺激的一种较低水平的反应，也被认为是人类面对环境威胁发展出来的一种应对方式，最常见的就是战逃反应[①]。

情绪来自大脑皮层以下的区域，包括杏仁核和前额叶皮质。当情绪被触发时，会产生生物化学反应，直接影响一个人的身体状态。杏仁核还发挥着释放神经递质的作用，对记忆的创造起着关键作用。简而言之，这就是情感记忆更强烈、更容易被记起的原因。

所有的情绪都有意图

和积极情绪一样，消极情绪也是一种宝贵的认知信息的来源，可以帮助你了解周围在发生什么。消极情绪有助于识别威胁，并对可能发生的危险保持警惕；同时也有重要的平衡作用，能帮助你看到事情的两面。

虽然恐惧和焦虑被看作消极情绪，但是认识到恐惧和焦虑的存在，可以激励你采取行动，改变你的生活。如果利用得当，消极情绪可以成为帮助我们解决问题和纠正行为的激励因素。

内疚感与道德天平有关，当我们内心感受到内疚时会惩罚自己，因为我们认为自己做错了事情。内疚感让人们避免去做坏事，比如偷税漏税、酒后驾车。

---

① 战逃反应（fight-or-flight response），心理学、生理学名词，指身体做好防御、挣扎或者逃跑的准备。

同样地，嫉妒有时也可以是良性羡慕。这种良性羡慕会促使人们相信，如果别人能完成目标，比如取得好成绩或达成高额销售业绩，那么这个目标对自己来说也是可以实现的。如果你也能把引发嫉妒的事情看作可实现的目标，就可以把嫉妒重新定义为好事。

关键是要对各种各样的消极情绪有所控制。如果情绪陷入了无休止的消极循环，我们就陷入了困境。沉溺于消极情绪会损害人的思考能力，尤其是当消极情绪非常强烈的时候。

你要学会控制你的情绪。如果不去有意识地化解负面情绪、追求你想要的情绪，生活就总是老样子，不会有起色。一旦你学会识别情绪，情绪对你的控制就开始解除了。你的觉察意味着你正在重获控制权。

作为“多一个”的思考者，当你获得了控制权，就可以开始用有益的情绪把占据主导地位的有害情绪替换掉。新的积极情绪会让你充满活力，帮助你制定新的目标和方向。你会发现，当生活中多一点自信快乐、少一点绝望怀疑，更容易达成一些成就。

想象一下，如果可以重建你的情绪框架，会带来什么变化？每次重建一种情绪，你会一点点接近梦想——成为百万富翁、买下梦想的房子或找到灵魂伴侣。想让这些梦想全部成真，就要翻转你的情绪，迈出关键的一步，把心态从“我不行”调整到“我能行”。

何必积攒情绪

我不想骗你，改变自己的情绪真的是个挑战。当你已经习惯于某种思考方式，这种方式可以令你感到安慰并最大限度地减少痛苦，那么改变这个习惯就需要克服心理障碍。我们在生活中的行为通常都是有理由的，期待着获得某种特定的情绪。给爱人买花，是为了表达你的爱意，并感受爱的反馈。在海滩上长时间地散步，在公园里独自漫步，是为了整理思绪、寻求平静。拼命工作想达成年终工作目标，是因为你期待享受这件事带来的认可和自豪感。

比起感觉，情绪更强烈也更持久。感觉是情绪引起的反应，本质上持续时间较短、层次较浅。情绪反应的层次更深入，可以通过身体信号来衡量。当在部队服役好久没回家的孩子突然回到家，哪个母亲不会感到惊喜又激动，心跳都加快了？当你和伴侣吵架，有时候他会沉默不语，但他的肢体语言会透露出你需要知道的所有信息。甚至有研究表明，不健康的愤怒情绪被压抑后可能引发癌症。

如果缺少积极情绪，消极情绪就会无休止地萦绕在脑海中。这种反复出现的消极情绪会使大脑压力水平升高，使我们的身体充满压力激素皮质醇，进而导致抑郁症、暴饮暴食、药物和酒精滥用、心血管疾病。

虽然你只想积攒和体验积极情绪，但事实上，所有的情绪都是完全正常的体验。这意味着，愤怒、恐惧、厌恶、悲伤、蔑视、羞愧、内疚等被认为是消极的情绪，与惊喜、快乐、满足、喜悦和轻松一样，是正常的。当你试图压抑感知到的消极情绪，只在头脑中寻求和允许积极情绪存在，就打破了那个微妙的平衡，反而会出问题。

积攒情绪会削弱一个人对现实的分辨和感知能力，反而会造成情绪混乱，可能会影响到生活的各个方面。你遇到过那种欣喜若狂的人，也见过有人永远都垂头丧气，这两种人可能都不太好相处。因为他们都躲在情绪混乱的迷雾之中，回避了自己的真实情绪。

行动起来，整理情绪

经历一个有意识地整理情绪的过程，才能对自己起到帮助作用。请记住：行动可能会带来某些物质结果，但你真正想要的其实是附加在物质之上的情绪。

人们对自己的行为是有意识的，但我们很少付出足够的时间去思考附加在行为之上的情绪。要做到这一点，必须更仔细地看清楚自己想要什么，以及这样做的时候我们必须诚实。《富爸爸穷爸爸》（*Rich Dad*，*Poor Dad*）的作者罗伯特·清崎（Robert Kiyosaki）是这样说的：“情感使我们成为真实的人。情绪这个词代表了活跃的能量。真实地面对你的情绪，让头脑和情绪对你有利，而不是与你作对。”

人就是自己每一天各种情绪的综合体。这些情绪创造了我们的情绪家园。和所有的家一样，你的情绪家园也许并不完美，但令人舒适。

无论物质环境如何，有人总能充满了积极的情绪，他们在情绪家园里经常会体验到幸福、满足、自豪等。但也有一些人栖身的情绪家园显得丑陋，充满了怨恨、愤怒、不信任、沮丧和压力。这些情绪是不受欢迎的客人，它们胡作非为，让你行为失控。

我们的功能还会因此受损。

像面对赖着不走的客人一样，我们面对负面情绪也变得麻木了，把它当作了生活的一部分。因为人们习惯于对事情的追逐而缺乏对情绪的关注，所以在事情失败的时候，不好的感觉会泛滥成灾，让事情变得更糟糕。

行动起来，整理你的情绪吧。把那些不受欢迎的客人赶走，这样你才可以邀请其他更积极的客人长长久久地住下来。

要诚实，要用心

“多一个”的思考者务必选择把有害的情绪转换掉，你的情感家园将会随之改变。事实上，就像搬了新家一样焕然一新。

仅仅为了得到某个想要的东西，这样的行动理由是不够的。我们都听说过，有些人发了财却惹上了麻烦、活得很悲惨。即便住着价值千万的豪宅、在银行有上亿的存款，他们却生活在恐惧、贪婪和猜忌中。

他们已然掉入一种陷阱，认为人只要有钱就会幸福。但问题是，他们并没有刻意地选择快乐、练习感恩、为人善良慷慨。他们没有用心地生活。而现在，除非已经克服了令人不堪重负的消极情绪，否则即便他们表面上看起来还可以，内心却在慢慢枯萎。

问问自己，如果可以选择拥有1亿元银行存款，但是生活从此永无宁日，你愿意做出这样的牺牲吗？你的快乐和幸福价值几何？现在，如果你可以选择只有100万元的存款，但心满意足，身边是你爱的人和爱你的人，对每天的生活充满期待，你会更愿意选择这种生活吗？

就像我前面说过的，改变情绪需要刻意练习，也是对诚实的练习。正如畅销书作家特瑞丝·本尼迪克特（Therese Benedict）所说的："当你过上一种诚实的生活，就活出了真实的人生。"如果你对自己都不诚实，别人又有什么权利要求你对他们诚实呢？诚实和用心，是你能给自己最好的两个礼物。诚实是情绪生发的跳板。而用心觉察则是必需的能力，帮你得到诚实的情绪。

幸运的是，如果你设定了正确的标准和目标，那么既可以拥有过亿存款，也可以享受平静而有益的情绪。

让家中充满积极情绪

你可以采取一些行动，有意识地重新构建情绪、心态。如果做到以下几点，你就能成功地给家中引入更多更适合的情绪：

- **冥想**。当你放慢思绪，集中精力，专注于你想要的东西，大脑就会参与进来，让你更接近心中目标。当你有意识地决定释放愤怒或恐惧的情绪，就会为平静和安宁腾出空间。我每天都用冥想开启新的一天，清除那些对我不好的消极想法，练习感恩和积极心态。我聚焦于当天要做的事情，然后投入到最优先的事项。最重要的是，向前进，不后退。

- **找到平衡**。不管你多么热爱工作，如果只是不停工作却没有时间去休息、恢复，那么挫折或消极情绪就会堆积起来，使心情变得一团糟。分出一些时间给那些能让你恢复生活平衡的活动和人。我可能会去打一场高尔夫球，或者带我的狗去散步。这两样都是我需要的放松休息时间，可以帮我恢复情绪健康。你还可以——培养新习惯，设定新目标，有规律地练习你最亟须的自我关照。
- **识别自己的情绪开关**。这又说回了用心觉察这一点。弄清楚你生气或沮丧的原因是什么。不能忍受别人迟到或在最后一刻爽约？有没有某个特别讨厌的同事会让你起鸡皮疙瘩？让你一点就着容易发火的话题是政治、税收、全球变暖还是忽视孩子？花点时间审视你的情绪开关。有些事情是你可以改变和控制的，有些则不能。要控制好自己的情绪开关，否则你会被情绪吞噬。
- **下定决心改变自己的思维方式**。确定一种你想摆脱的消极情绪，或是一种你想保持的积极情绪，然后有意识地朝这个方向努力。

当你能够把头脑和心灵整合，就做好了准备，可以让“多一个情绪”的力量为你所用。

6

第6章
多一个同伴

你的表现永远不会超越你的核心朋友圈。

——约翰·伍登

当你仔细调整好友名单时，就是你允许自己转换行为方式，并从根本上提升奋斗成果之时。你可能只差一个关键的同伴，就能彻底改变人生。

作为“多一个”的思考者，你有义务持续提升你的朋友和家庭成员，这样他们就能为你的想法、目标、标准和成果增值助力。世界上最强大的奋斗动力之一，就是变成同辈人眼中富有成效和幸福美满的那个人。

最关键的是：你可能需要改变或扩大交友圈，因为允许谁进入你的核心朋友圈是至关重要的，作为投资自己的途径之一，你必须培养和投资你的核心朋友圈。

你的人际关系定义了你

人际关系直接影响着你的社会功能。从出生的那天起，你就与他人建立了联系。早期，照顾者和直系亲属就是你的整个世界。在你逐渐长大的过程中，朋友、有共同兴趣的人及同事，成为你关注的焦点。

在你的一生中，所有这些关系都定义了你。有些关系为你增加了巨大的价值，有些则是浪费时间。

想想诗人约翰·邓恩（John Donne）的话，他写道：

没有人是一座孤岛，
可以自全。
每个人都是大陆的一片，
整体的一部分。
如果海水冲掉一块，
欧洲就减小，
如同一个海岬失掉一角，
如同你的朋友或者你自己的领地失掉一块。
任何人的死亡都是我的损失，
因为我是人类的一员，
因此，不要问丧钟为谁而鸣，
它为你而鸣。

你的同伴将你与世界联系在一起。你不是一座孤岛。相反，你是环环相扣的人际网络的一部分，人际网络根据你的同伴塑造出你的身份。由此可见，和你相处时间最多的人，才是对你影响最大的人。

尽管你在与亲人相处时有一些发言权，但 DNA 是改变不了的。你可以选择尽量少跟那些对你有害的、专横的或爱唱反调的家庭成员打交道。遗憾的是，家庭关系往往很复杂。所以，为了实现“多一个”的思考者的目标，最好专注在你拥有更多控制力的人际关系上，比如同辈群体。

同辈群体是你的世界中最强大的力量和影响因素。你必须非常小心地选择同辈的朋友。选择志同道合的朋友，才能实现成功的人生。他们的做事标准必然会成为你的标准，你也会影响他们。

威廉·伯柯克[1]说过：“判断一个人的标准是看他所结交的同伴，判断一个公司的标准是看它留住的人才，而判断民主国家的人民的标准是看他们所选举出的官员有什么类型和才干。”

与人交往要谨慎。不管你喜不喜欢，你都是自己全部人际关系的总和，你也会因此而受到评价。人际关系是影响外界如何看待你的重要因素。这一点可以对你有利也可能会对你不利。

如果你感觉生活总是不能尽如人意，不妨审视一下和自己关系最亲近的人。你可能会发现与某人的关系已经变了味，也许是你变了，也许其他人也变了，也许是时间和距离让这段关

① 威廉·伯柯克（William J. H. Boetcker），美国著名宗教领袖、演说家。

系变得脆弱、无法再给你滋养。

当这种情况发生时，便是“多一个”的思考者考虑给自己的生活增加新同伴、不同类型同伴的时候了。

你的人际关系靶心

把你的人际关系想象成一组同心圆，就像一个靶子。

每一个圆圈都代表着你与生活中遇到的人不同的亲密程度。越接近圈子中心的那些，与你联结越深。

例如，同心圆最外面的一个圈里是你日常会遇到的陌生人。可能是坐在酒吧隔壁桌的一个人，你们一起看了同一场比赛；可能是一个潜在客户，偶然打电话来了解关于你的商品和服务的更多信息。陌生人不断地出现在生活中，然后消失，再也没有人看到或听到他们的消息。一般来说，陌生人对生活的影响可以忽略不计。

熟人是你经常见面的人，比如杂货店里卖肉的掌柜，比如你孩子同学的家长。随着时间的推移，与这些人之间的闲聊让你们逐渐熟悉。时不时碰面随便聊几句，感觉还不错。

普通朋友和你的关系更加亲密一点，组成了你的外围朋友圈。他们可能是你孩子的老师、在家庭聚会上见面的远房亲戚、在同一家俱乐部参加活动的朋友。你在与他们的关系中投入不多。你乐于与他们分享信息，也觉得这些人都还不错，但你与他们的相处比较谨慎，不会刻意让他们参与你的生活。

最中间的圈子很小，只容得下几个每天影响你的人。这些人可能是你的配偶、孩子或父母。但事实并非总是如此。没有硬性规定说，血缘亲属可以立即进入核心朋友圈。不是所有认识一辈子的朋友和家人最终都会进入你的核心朋友圈。这没关系，不影响你和他们保持亲近。和他们的关系也是珍贵的，值得你付出时间和承诺。

你的核心朋友圈里可能会有一位导师；可能有一位与你并肩作战的生意伙伴，帮助你把你们共同的事业从无到有地发展到成功；可能还有一个一见如故的朋友。你们之间有一种信任、承诺和熟悉的纽带能让彼此更亲近，而这些亲密关系的发展速度并没有固定的时间表。有的需要好几年，有的则可能发生在几个月之内。

人与人之间的联结是动态变化的。当关系变质，你就要考虑新的同伴。

你位于所有这些圈子的中心。你就是靶心。有人进入你的生活，随后向靶心靠近，或者离开。这就是人生的本质。这个过程可以慢到好几年或者快到短短几周，但在你的一生中，很少有人持续在某一层圈子里停留。

这句话还有另一种说法，“人们走进你的生活是有原因的，可能会停留一个季节或是一辈子”。最终，你会揭晓每个人与你生活的关联。当相关目的实现后，那段关系也会随之改变，会有其他新的同伴进来填补这个位置。

每一层圈子里的人都会影响你的生活。他们越接近圆圈的中心，就越可能与你发生持续的、有意义的对话，并对你产生影响。不同圈子之间的边界是动态变化的。人际关系不断变化，人们从圆圈的一层换到另外一层，这取决于你或他们的生活发生了什么变化。时间和环境造就了人们从一个圈子到另一个圈子这样不停地旋转流动。

近距离观察你的核心朋友圈

生活中的所有圈子都或多或少地影响着你。但对你影响最大的，还是你与核心小圈子之间的联系。这就是为什么，每当你在核心朋友圈里增加或减少一个同伴，都会带来显著的变动。

想想你生命中最亲近的几个朋友。在过去的90天里，除了家人之外，你和谁在一起花了最多的时间？这些人生活中是否有那么两三样东西，不管是物质财富、事业成就、健康水平、精神生活还是他们经历的情感，是你迫切希望在自己的生活中也能拥有的？如果你不能迅速识别出对方令你仰慕的东西，那么这个关系可能无法满足核心朋友圈的需要。

不同的人可以为你们之间的关系带来相应的价值。但就本次讨论的出发点而言，我谈论的是同伴，是能够改变你生活的人。如果对方的生活中没有任何东西令你向往，那么是时候进行重新评估了，也许你应该寻求其他的同伴来满足发展的需求。

相反，如果对方的生活中有一些你绝对不想要的东西，比如财务破产、身材走样、经常生气、懒惰等问题，那么就需要立即考量自己与他们的亲近程度。即使他们爱你，你也爱他们，你仍然需要考量与这些人的亲近程度，因为他们会影响你未来的人生。

把你仰慕的人纳入自己的朋友圈中，这是一个持续的过程，也需要持续才能达到效果。亲近的人会产生熟悉感，我们的大脑也会向这种熟悉感靠拢。

质量重于数量也是很关键的。与合适的人在一起，即使是很短的时间也会产生很大的不同。你们互相依靠互相学习，一起欢笑一起悲伤，感受彼此的心情。他们为你的成功感到由衷的高兴，你也同样为他们的成功欢呼喝彩。当最亲密的朋友取得成功，你会感到与有荣焉，因为那种感觉就像是你自己取得了成功。

有很多名人的案例，向我们展示了从核心朋友圈的友谊中诞生的协同效应。史蒂夫·乔布斯（Steve Jobs）与史蒂夫·沃兹尼亚克（Steve Wozniak），蒂娜·菲（Tina Fey）与艾米·菲乐（Amy Poehler），沃伦·巴菲特（Warren Buffett）与查理·芒格（Charlie Munger），艾斯·库伯（Ice Cube）、德瑞博士（Dr. Dre）与NWA乐队，奥普拉·温弗瑞（Oprah Winfrey）与盖尔·金（Gayle King）……这样的组合不胜枚举。

无论是伟大的艺术作品或其他任何形式的成就，往往都源自某一个人的构想，但最终的实现都离不开核心朋友圈里朋友们的帮助，是朋友们让激情的想法成为现实。

很多知名的乐队比如喷火战机（Foo Fighters）、梦龙（Imagine Dragons）、佛罗里达乔治亚边境线（Florida-Georgia Line）、绿日（Green Day）、林肯公园（Linkin Park）及其他在音乐界大行其道的优秀乐团，都是朝着一个共同的愿景协作奋斗的绝佳范例。

当你与核心朋友圈步调一致时，整个生活都变得流畅起来。你肩头的压力减轻，有信心掌控局面。你的心中满是欢喜。而这些积极的能量可以向外辐射到你生活的各个方面，也会感染其他人的生活。

然而，有时候核心朋友圈不能再为你增加所需的价值。这不是谁的过错，只是生活发生了变化。你会惊讶地发现，朋友可能转眼间就变得疏远，甚至形同陌路，完全不像是你曾经认识的那个人。

你的生活会发生变化，朋友们的生活也会有变化，并且他们的想法和信念会随之改变。你会继续成长，但他们不一定会。当你意识到这点的时候，可能是一个艰难的时刻。这一刻到来时，在内心深处你会知道的。然后你就得做决定：你希望这份友谊如何改变。

生活中总有人来来去去。每件事都有截止日期。越早认清情况——虽然这份友谊仍然有价值却已经不能满足你最高层次需求所需的标准——你就能越好地接受现实：你需要在生活中寻找一个新同伴。然后，你必须有意识地选择把原来核心朋友圈中的一些人移到外圈，以便创造机会最大限度地发挥核心朋友圈中新成员的潜力。

就像汽车需要定期保养一样，你的朋友圈也需要定期维护。评估你核心朋友圈里的成员是否仍然适合在这里，这件事值得认真对待。诚实地说出来，你需要从最想结交的人身上得到什么。正如本杰明·富兰克林（Benjamin Franklin）告诫我们的那样：“在选择朋友时要小心，改变朋友时要更加小心。”200 多年过去了，这句话放在今天仍然非常有意义。

不要低估维护自己朋友圈的责任。更不要仅仅因为你不想做出那个艰难的选择就假装看不见它。“多一个”的思考者认识到，人际关系会随着时间而扩张和收缩。这种变动允许“多一个”的同伴加入，这会带来不可估量的价值，也会带来更多我们值得拥有的生活。

精心挑选核心朋友圈的朋友

家庭成员彼此之间的关系和影响可能会形成挑战。大多数情况下，我们承认，有些直系亲属是核心朋友圈的必要组成部分。你无法挑选家庭成员，但你可以选择把谁纳入你的核心朋友圈。你如何选出核心朋友圈的朋友，将在很大程度上影响你的生活，所以要慎重考虑。

对我来说，三到五个朋友是最好的。你的核心朋友圈可能更小或更大。但不要沉迷于核心朋友圈里应该有 15~20 个人这样的想法。如果这样做，会稀释你需要在最高层次上依赖的同伴的质量。要与这么多人保持联系，这个过程会把你自己累坏的。

允许谁进入核心朋友圈，是非常重要的人生选择。如果选得好，可以极大提升生活的幸福感和生产力水平。如果选得不好，你就得承受悲惨生活的“枪林弹雨”。

那么问题就变成了，如何正确地评估你核心朋友圈的进入标准？

基于不同的价值观、信念和经验，每个人会有一定的偏见。

不存在什么神奇的魔法公式。你凭直觉做出过一些决定，有时是根据你对这个人过往的了解来做决定。无论如何，你核心朋友圈里的成员应该是随着时间而动态变化的。

在你做决定的时候，需要考虑一些高层次的品质。核心朋友圈里的人应当具备完全成熟的情绪管理能力，要选择快乐而高效的人、对你有稳定影响力的人。他们一定是忠诚的朋友，还要善于理性思考理智决策，不会冲动行事。

把检视同伴的过程反过来套在自己身上。如果你遇到一个人对自己的生活有很清楚的期望，并且选择了你做他的同伴，那么你也应该学习他对生活怀有同样的期望。这是你可以从这段关系中得到的额外收获。

郁郁寡欢的人在情感上不够成熟，对你的人际关系也没什么助益。无论是朋友、同事还是亲人，尽你最大的努力减少和这种人的来往。你仍然可以与他们保持友好的关系，但不要牺牲自己卷入对方消极情绪的旋涡。如果被卷入，你会付出巨大的代价。

如果你看到一些人做了令你反感的事情，并且不太可能很快或很容易地被改变，那么就应该和这些人保持一定的距离，或者将他们请出你的生活。这并不容易。但是，对于“多一个”的思考者来说实在是非常必要的。

你的核心朋友圈里也必须都是善良的人。他们一定要善待他人，不会受制于恐惧、愤怒和偏见，不会让自己的想法和行为伤害到别人。他们一定有高尚的道德，同情不幸的人，保护儿童、老人、智力或肢体残障人士。

核心朋友圈应该能深层次地启发着你。在他们身边，你应该能感觉到那种共振的频率。你知道和他们在一起时会释放多巴胺，并且你对此非常期待。

把你自己的做事标准也用到核心朋友圈的挑选上。你也许需要有敏锐的商业头脑、富有创业精神的人或是分析型人才，可以帮你弥补短板、实现目标。与同伴一起强强联合，肯定比你自己双手双脚加起来更厉害。

当你思考核心朋友圈应该具备的特质，马上跳入脑海的是什么？你的核心朋友圈能让你在财务金融、人际关系、情绪健康、精神信仰、身体健康，或是提供每个人都需要的关爱等这些方面变得更完善吗？如果核心朋友圈里的人不能提升你的核心生活需求，那么他们就不具备你所需要的品质。这并不是说你们不能做朋友，你们当然可以做朋友。不必把不符合你核心朋友圈需求的人抛弃。相反，继续寻找，去添加那些符合需求的人。

重新调整生活中各个圈子里的人是不容易的。疏远那些跟不上你思想、信念和目标变化的人，会让人产生难以克服的内疚感。但有时候，这是必须要做的事。你能控制的只有自己的思想和行动，你无法控制他人。如果有人选择的想法和做事方式，会对你追求理想生活起到反作用，那么你就有责任做出最适合自己的选择。

当你在糟糕的人际关系中徘徊时，就没法腾出空间容纳更好的人际关系、接受那些让你的人生变得更好的“多一个”同伴。接受这个事实：总有人晋级，有人被淘汰。当你做决定时，要合理且坚定。

最后分享梵高的一段话，他谈到了核心朋友圈的同伴能带给人最重要的馈赠之一在于：

亲密的朋友是人生真正的宝藏。有时他们对我们的了解更胜过我们自己。他们对人温柔又诚实，一直在身边指引我们、支持我们，分享欢乐、分担泪水。他们的存在是一种提醒，提醒我们从来都不孤单。

7

第7章
多一个梦想

放下过去，面向未来，
自信地朝着梦想的方向前进，
过自己想象中的生活。

——亨利·戴维·梭罗[1]

孩子们都是梦想家，他们的梦想充满想象力。孩子们天生富有好奇心。这些特质让孩子成为地球上最幸福的人，也是最伟大的老师。

① 亨利·戴维·梭罗（Henry David Thoreau），美国作家、哲学家，代表作《瓦尔登湖》。

进入你的梦想状态

最快乐的人凭着想象力和梦想去生活，不会被过去束缚。

停！把上面那句话再读一遍。这是“多一个”的思考者感到最有力量的感悟之一。要想快乐、成功，就要发挥你的想象力，追寻属于自己的梦想，对未来充满期待。

把整个人的心态彻底重塑不是那种微调的小动作，需要在相当长的一段时间内集中注意力，打破已经根深蒂固的思维习惯。

如果受限于过往的经历，或是被困在回忆里，你就没办法体验到最美好的人生。完全没办法。暂停片刻吧，再体会一下。

向孩子学习

四岁的孩子比大人更快乐，所有年龄段的孩子都比大人更快乐，因为他们活在此时此地。孩子的心灵充满遐想、幻想和创造力。孩子不会被过去拖累，因为他们没什么过往。

很多小男孩小女孩在玩游戏时会假装自己是蝙蝠侠、蜘蛛侠、迪士尼公主或芭比娃娃。这是无拘无束的思想才能创造的幸福想象。

想一想，你多久做一次梦。上一次梦到蝙蝠侠或公主是什么时候？你经常有意识地调动想象力吗？我打赌你们大多数人都没做到。尽管做梦最大的好处之一就是成本很低。

做梦是免费的。

不仅如此，**做梦还是我们能给自己最棒的礼物之一。然而**

却几乎没人好好利用这个优势。令人难过的是，缺少梦想会让人损失惨重。当我们不再做梦，就剥夺了自己在未来创造美好回忆的机会。这是一个可悲的讽刺。相反，随着年龄的增长，我们中的许多人都被过去压垮了。我们被沉重的记忆纠缠，阻碍了我们过上幸福美满的生活。

你多久做一次梦？

你是否经常思考自己的职业生涯，思考这些年来老板对自己怎么样？在个人生活中，你是否曾经陷入一段了无生机的婚姻？你是否被父母、兄弟姐妹或朋友伤害背叛过？你是否经历过一系列的健康问题或财务挫折？

把你的过去想象成装满水泥的包袱。尽管这些包袱很沉重，但我们中的许多人害怕把它们放下，因为我们不知道该如何处置它们，所以只能一直扛着。尽管你不喜欢这些包袱，但还是有一种安全感，因为这些包袱充满了熟悉的感觉。这就是为什么你的大脑喜欢回到那种状态。

随着时间的累积，这些包袱的负重成倍增加，你的头脑会变得更沉重，塞满了生活的艰辛和属于大人的担忧。

而且，我们用不完美的过往，创造了一个有缺陷的未来愿景。然后，我们就去实现那个有缺陷的未来，于是被困住了。我们很难走出自己思想的流沙陷阱，这让我们感觉快要窒息了。作为成年人，缺乏快乐和生产力，与沉迷于遵循过往的记忆生活，这两者有着直接的关联。为了过上更好的生活，我们必须有意识地做出选择、抛弃过往，以梦想中的状态去生活。

为什么你会被困在过去

尽管你一直在成长，学得更多做得更多，但是为什么情绪状况、工作成效和幸福感都没有改变呢？因为你陷入了一种思维模式——不断被过去牵制着重蹈覆辙。最可怕的是，这种模式是无意识的，可能已经持续了好几年，你却丝毫没意识到自己被困在里面。

我向你指出了这些思维模式，你就可以增强觉察的意识，打破那些模式。一旦有了觉察，思维模式的重复循环就失去了控制我们的力量。觉察是消极思维模式的克星。当你有了觉察，就可以构想出一个翻天覆地的引人注目的未来，从而改变现有的模式。过去的就让它过去吧。

你能识别出当前生活中的消极情绪或消极行为模式吗？应该不会太难。也许是一段糟糕的关系？没有前途的工作？慢性的药物滥用问题？

如果你能启动像孩子一样的思维模式，深深扎根于梦想和想象中，不再沉溺于过去的消极思维，会发生什么呢？旧的模式让大脑安于现状。大脑的首要功能之一本来是在感受到危险时保护你，有时候“战逃反应”就起到这个作用。但如果危险已经发生，那逃跑似乎也没什么用了。

人类有渴望秩序的天性。我们天生是问题解决者，因为解决问题让人感觉良好。这也是未知的将来会让人感到恐惧的原因。然而，生活中的很多事情都无法用某种确定的可能性去推测，否则你会伤害自己。

这并不是说应该把过去封闭起来。许多人觉得与同样的人、地点、行为和仪式保持联结是一种幸福，他们据此定义了自己的人生，也能从中找到乐趣。当然，生活中应该为过去的人和事保留一点位置。

但如果你把全部精力都花在那里，就是看低了自己。

走进你的未来

从过去走向未来的第一步是接纳。狄巴克·乔布拉[①]曾说："我使用记忆，但不会让记忆操纵我。"你知道当你固守过去的时候，把什么抛在一边了吗？你的整个未来。

约翰·肯尼迪总统60多年前就明白展望未来的重要性，他说："历史是无情的大师。它没有现在，只有匆匆奔向未来的过去。谁想抓住不放，就会被扫到一边。"这句话在今天仍然是正确的。

考虑用下面这种方式走进你的未来吧。打个比方，你的大脑、思想和情感就像一个容积有限的玻璃杯，杯中水是你的过去。当你用过去把杯子装满，就不可能再放进去任何其他东西了，再怎么努力也没用，除非先把杯子清空。与过去握手言和，才能清空杯子，为你的梦想和未来创造空间。

只是不要在跟过去和解这件事情上花费太多的时间。否则会耗尽本来可以用于展望未来的宝贵时间。想象一个画面，你

① 狄巴克·乔布拉（Deepak Chopra），医学博士，著有《不老的身心》（*Ageless Body, Timeless Mind*）等多部畅销书。

把杯子里过去的想法倒空，看着这个空杯子，然后有意识地用大脑中迸发的新念头把杯子装满。

拥抱你的未来吧。用对未来的展望和个人发展的可能性把你的杯子装满，别再淹没在那些不适合你的陈旧思想中。无论如何都要抛开过去，放眼未来。

另一条通往接纳的路，是承认你今天所拥有的一切都是过往的结果。你多年来收获的力量、智慧和知识，足以抵消过往的痛苦、缺点和障碍。完全接纳自己已经拥有的一切，可以帮你更好地投入到未来。

还是不服气？

让你害怕的不是未来。是你的过去让你焦虑害怕、不敢做梦。

发挥你的想象力

托马斯·爱迪生拥有野兽般的想象力。假如爱迪生沉溺于过去，没有用他的想象力塑造人类的未来，今天的世界将会完全不同。

爱迪生曾说过："要做发明，你需要很好的想象力和一大堆废品。"显然，爱迪生身边有不少废品。他尝试了 1000 多次才发明出第一个可以商用的电灯泡。

记住，电灯只是爱迪生的一项发明。他还发明了留声机、电影摄影机、油印机、碱性蓄电池，甚至还有混凝土和水泥。爱迪生一生共获得 1093 项美国专利。他在全世界拥有 2232 项专利。是的，这是世界最高纪录。

爱迪生同样是位成功的商人。他在有生之年积累了大量财富，放在今天相当于2亿美元。你认为他会被过去的实验失败束缚吗？根本不可能。爱迪生有句名言："我没有失败，我刚刚找到了一万种行不通的方法。"假如爱迪生发明电灯失败了，这个世界会变得更加黑暗一些，字面意义上的"黑暗"。

梦是想象力的产物。想象是一种疗愈，有益健康。所以，对自己好一点的最好方法之一就是发挥你的想象力。

很多人认为梦是大脑在睡眠中产生的无意识想法。但我们讨论的梦，是你清醒时做的梦。

醒着的时候，你可以更好地控制自己。尽管在睡着的时候让潜意识加工梦境并引导你的能量是有价值的，但我相信最好的梦发生在你完全清醒的时候。

人类的独一无二之处在于，意识可以超越当前时间和空间的限制。在梦境状态中，我们处于另一个维度，任由想象力蓬勃发展。这个维度既令人无比兴奋，又令人懊恼于不甚精准。在那里，你可以从压抑、忧虑和对过去的思虑中把自己解放出来。心理治疗师习惯将其称为：与你的内在小孩重新联结。现在你知道其中的原因了。

如果你是一个逻辑性强、有条理的思考者，那么去寻找你的未来愿景吧，没问题的。不要被"梦想太多"的标签给打断了。梦想和愿景是可以相互转换的。

不管你如何定义，愿景、想象力和梦想都是会让你充满能量的存在。而且如果幸运的话，你也会感到不舒服。不舒服就对了。不舒服是必要的过程。不舒服意味着你的想象力正在努力联结不同的想法来创造新的东西。记住，过去是熟悉的，未来是未知的。

不舒服是你前进过程中一种必需的情绪。所以，紧紧抓住那些不舒服的感觉。它们是你未来会觉得很有价值的部分。

允许自己做梦

允许自己活在想象中、允许自己编织梦想，这是你能给自己最好的礼物之一。会有一些障碍需要克服。你可能会陷入自我修正的思维怪圈。

如果这么做，大家会嘲笑我吗？如果放胆去做想象中的事，我会失去朋友或名誉受损吗？是否应该顺其自然，做别人期待我做的事，即使这会让我不开心？

所有这些都是关于“恐惧”的问题。我已经注意到了，这些问题都是出于过去对你的束缚。

允许自己做梦的一个方法是，原谅别人过去的错误。更重要的是，你需要原谅自己。

韦恩·戴尔[①]博士喜欢这样说：“宽恕他人是心灵成长的必要条件。”心灵的成长能让你摆脱许多无用的愤怒和痛苦。心灵的成长与梦想和想象力直接相关。这是另一个维度里很重要的部分，决定了你是否能过上最幸福的生活。心灵成长也是以另

---

① 韦恩·戴尔（Wayne Dyer），美国著名励志作家、演说家，著有《你的误区》（*Your Erroneous Zones*）等畅销书。

一种方式去倒空你的杯子，为新的梦想腾出空间。

梦想也需要一点自我分析。你身上不自觉地带着那些根深蒂固的思维模式和习惯，原因仅仅是因为你心里背负的包袱太沉重了，也背负得太久了：

我不行。

我做不了。

那不是我。

是我不够好。

我太胖了。

我太老了。

我太年轻了。

你知道，在前进的路上，有数不清的心理障碍拦住你的去路，让你伤心、紧张、沮丧、焦虑值爆棚。一旦你有所察觉，就可以通过更好的有意识的思考去减少和消除消极思维。用精确、具体、反复强调的梦想和愿景，把消极思维替换掉。

最能点燃梦想的是新点子、新想法和看似不可能的奇思妙想。高质量的梦想源自大脑的活跃状态，需要用各种各样你感兴趣的事情来启动。在想象力的鼓舞下，大脑会着手把这些看似无关的想法联系起来，创造出可能会让你惊叹的新想法。

要明白，潜意识无法区分真实的现实与虚构的想法。这就是为什么，我们头脑中持续关注和思考的事情最终会在生活中实际显现出来。

正如想象思维不是线性的，当大脑为你的意识编织新梦想时，时间线也不是线性的。你是否曾经在半夜醒来想到一个好答案，解答了困扰你好几个星期的疑问？你是否曾经在观看孩子的棒球比赛时，在路过商场时，或是在早晨洗澡的时候，忽然想出了一个解决棘手问题的好办法？

想象力没有白天和黑夜的概念。大脑不会说，它会在每天早上 11 点的例会上给出想法和解决方案。它说来就来。我们只能留心注意，然后采取行动把想法记录下来或是记在心里。你的潜意识为了你那么努力，让好想法白白溜走就太不礼貌了。

做梦和做事

多一个的力量是关于思考和行动的。到目前为止，我们已经谈论了很多关于做梦的思考的部分。而同等重要的是，要把梦想付诸行动，才能推动你向目标前进。

在棒球比赛中，你不能同时出现在一垒和二垒的位置上。同理，在生活中，你不能同时出现在两个地方。要想偷二垒，你必须先移动脚步。在梦想的指引下，先踏上你的路，为人生的下一个目的地冲刺一把。

你可以选择困守在过去，也可以通过大胆梦想和主动选择，选择自己的未来，活出最精彩的人生。

当你有意识地按照自己的梦想去行动，你会惊讶地发现竟然可以非常自然地吸引到所需要的一切。你开始明白了，那些不好的习惯、对你不好的人，会一起逐渐消失在你的过去。明白了这一点，你便会开始意识到，你曾经珍视的并不一定是那段关系，而是那段关系曾带给你的感觉。

新的梦想重新链接了你的生活。当你像个空杯子一样腾出空间时，新的关系和奇遇会充满你的生活。当你跟随自己的本能、直觉和想象力，梦想将以一种为你减轻负担的方式开始显现。你会一边走向未来，一边看到令人兴奋的崭新可能性。

当你有了多一个梦想并且真的把梦想实现时，你会变成一个更快乐的人。

8

第 8 章
问自己多一个问题

未经审视的人生是不值得过的。

——苏格拉底

你是否思考过自己在想些什么？

这个问题很有力量。我会在本章内容里向你提出很多问题，这是其中之一；这也是你应该向自己提出的一个问题。

事实上，大多数人从来没思考过这些。大多数人从未掌控自己的思想，因为他们没有问出正确的问题，所以对思考的理解经不起推敲。这引出了一个同样相当基础的问题——

思考是什么？

简单地说，思考是向自己提问和回答的过程。这就是思考的运行方式。每一天，你在头脑中不停地提问和回答好几千次。

因此，如果想改变思考的质量，就需要改变提问的质量。提问的质量决定了思考的质量。你会惊讶地发现，大脑在找到你想要的答案时有多么精准。

这一点好理解吧？

开始提出更好的问题，可能是你人生中一个根本性的重大转变。更好的问题带来更好的答案，更好的答案会带来更美好的生活。大多数人做不到这一点。但“多一个”的思考者能做到。大多数人提出的问题会让自己更无力、更脆弱、更不知所措。于是他们选了一条容易的路逃走。在某些情况下，这些问题甚至会害得他们恐惧、愤怒、戒备或缺乏信心。

海豹突击队培养队员要这样提问：“在当前情况下，我能立即掌控的是什么？”相比之下，大多数人会问自己的是：“可能会出什么问题？当前情况下，我控制不了的是什么？我应该害怕和担心什么？”我们大多数人根深蒂固地会那么想。

当你问出这些问题时，你会发现自己总是有种被胁迫的感觉。这些问题对应的答案本身就暗示了大脑会为你找到什么样的结果。自我审视是在生活中发现智慧的一个关键环节。当你提出了正确的问题，就抵达了关于自己的真相。

遗憾的是，向内审视自己的生活并不总是那么有趣。内心的声音可能是你最直言不讳的批评者，而自我问责意味着你没有地方可以躲藏。但要实现个人成长，“多一个”的思考者必须接受这项挑战，并欣然接受人生重大问题的答案。

很多时候，人们发现只需要多一个答案就能产生翻天覆地的改变。想要实现目标，第一步要提出正确的问题，然后才能获得你需要的答案。找出答案能消除障碍，让你的改变之路更加通畅。一个人只有先把自己的房子整理好，才有可能解决其他地方的问题。

欧仁·尤内斯库[①]说过：“启发我们的不是答案，而是提问。”如果你自我挑战想变得更好，就要保持虚心。要做到这一点，最好的方法就是每天对自己思想和行动的基础提出疑问。这些大问题的答案和你一样是独特的，没有对错之分，没有一刀切的解决办法。在很多情况下，这个过程就像一层层地剥洋葱，因为一个问题会引出另一个问题，这些问题根据你的经历、记忆、感觉和人际关系而有所不同。

直面这些问题，接受答案。如果你对自己诚实，就可以冲破障碍，引领自己走向不平凡的生活。

如果你能找到“多一个”有力量的问题，并且每天多问自己几次，效果肯定会更好。我可能猜不出什么样的问题和答案对你来说是重要的。于是，我汇总了一个问题清单，帮助你开始自我检查。当某些问题引起你的共鸣，要注意了，那是你“内心的声音”正在试图告诉你一些重要的事情。

不要匆忙完成提问和找答案的过程。让问题停留片刻。找一个安静的地方，交给心灵去处理，这样找出的答案才会对你有价值。此外，可以把今天想到的答案与你未来某一刻会给出的答案做个比较。一旦你把未来的答案植入大脑，大脑就会去努力，为你把未来的答案变成新的现实。

---

① 欧仁·尤内斯库（Eugene Ionesco），罗马尼亚及法国剧作家，荒诞派戏剧最著名的代表人物之一。

记住，一个答案可以带来很大的变化。而提出多一个的问题是实现理想结果的第一步。

通往非凡之路，你需要问自己多一个问题

1. 为了向另一半表达爱意，我能多做些什么？
2. 为了改善亲子关系，我能多做些什么？
3. 为了表达对家人的重视，我能多做些什么？
4. 为了表达对同事的感激，我能多做些什么？
5. 为了调整思维做到少找借口，我能多做些什么？
6. 此时此刻我能把控的部分是什么？
7. 这件事怎么会因我而起却没有落在我身上？
8. 今天我还能做点什么让自己冷静下来？
9. 为了让自己获得长久的安宁，我能多做些什么？
10. 为了让自己少顾虑他人的想法，我能多做些什么？
11. 还有什么方法可以降低我的愤怒值？
12. 为了让别人眼中的我与我的自我认知更接近，我能多做些什么？
13. 还有什么办法可以让我少担心过去？
14. 为了减少对未来的担忧，我能多做些什么？
15. 还有什么方法可以让我对未来更兴奋？
16. 还有什么方法可以让我学会感恩？

17. 为了减少拖延、保护我珍贵的时间财产，我能多做些什么？

18. 为了让自己少观察多参与，我还能做些什么？

19. 我要怎样才能向自己提出艰难的问题，即使我知道得到的答案不会讨喜？

20. 还有什么办法可以帮助我告诉自己，失败没关系，从错误中吸取教训就好？

21. 为了管好手里的钱，我还能做些什么？

22. 还有什么方法可以确保我的价值观和行事标准与我的人生目标保持一致？

23. 在工作中，还有什么方法可以让我成为一个有效的领导者？

24. 还有什么办法能让我变得更健康？

25. 想要减肥，我怎样才能在饮食方面做出多一个改变？

26. 想要燃烧脂肪或者锻炼肌肉，我还能在健身房多做些什么？

27. 为了成为更好的自己，在那些一直阻碍我的因素中，还有什么是我能放手的？

28. 我该如何给自己多一段时间，让思绪漫游、做个白日梦？

29. 为了去做本来能做到的事情，我还需要清除哪些阻碍？

30. 为了减少抱怨，还有什么方法可以改变我的思维方式？

31. 如果有人身处痛苦之中非常需要我，我能多做些什么去帮助他？

32. 最近一次让我感到非常幸福的事情是什么？

33. 为了更好地处理冲突，我能多做些什么？

34. 为了更好地处理与那些消耗我生命能量的人之间的关系，我还能做些什么？

35. 为了腾出更多的时间来提升意识和觉知，我能多做些什么？

36. 为了停止心中的怨恨，我还应该做些什么？

37. 我在生活中还学到了什么，可以作为导师传授给别人？

38. 为了更加享受工作，我还能做些什么？

39. 我今天是否有足够的好奇心，再多问一个问题，去寻找人生重要问题的答案？

40. 为了更靠近信仰，还有哪个祈祷哪条经文是我需要谨遵的？

41. 今天所受的馈赠令我感激不已，我还能做些什么把这份荣耀回馈给他人？

答案是什么？

有些问题的答案可能会让你感到不舒服，有些则不会。但在很多时候，要想成长，最好的答案往往是最难搞定的。

你听说过“人生没有愚蠢的问题”这句话吗？假的！有些问题是愚蠢的，比如那些毫无挑战的问题，以及只能得到廉价答案的问题。当你对自己和别人提出愚蠢的问题时，只是在自欺欺人，浪费时间。而且更糟糕的是，在内心深处，你对此心知肚明。

如果你只想过得普普通通……如果你对当前的状况感到满意，因为你觉得舒服或是害怕，抑或是懒得动，并且不想知道如何把生活变得更好，那就不要提出那些引导你成长的问题。没有人能强迫你做不想做的事情。

“最好的天赋是不害怕提问题。”露比·迪[①]曾经这样说道。如果你不够健康，不想面对生活的真相，那么在走到生命尽头时也不要觉得遗憾。

有些问题不会马上得到答案。遇到那种情况时，如果你暂时想不清楚、解决不了，不要认为自己是被打败了。

此刻你提出的问题，可能要到以后才会有答案，或者永远不会有答案。要肯定自己提出问题并寻求答案的勇气。要记得，一个问题常常会引出另一个问题，如此层层递进。

智慧的开悟需要经过漫长艰辛的旅程。学会带着人生中那

---

① 露比·迪（Ruby Dee），美国老牌影星，著名剧作家、诗人、社会活动家。

些有待解答的大问题生活下去。每日求索，那么有些答案会像闪电一样突然出现，而另外一些答案则会随着时间的推移陆续抵达。

无论如何，“多一个”的思考者最令人钦佩的一点在于——关于人生，他们总是带着不平凡的问题和答案去生活。

9

第9章
多一个目标

愿他将你心中所愿的赐予你，
使你一切所谋的都成就。

——《圣经》

关于如何设定目标可以让生活更美好，生活中充斥着各种各样的系统、哲学和方法论。在这个问题上绝对不缺资源。

如果我以为你还没有用上某一种与目标相关的策略，那我就太天真了。相反，我想改进你实现目标的方式和目标设定的过程。

这里有一个很好的切入点。

我相信目标就是能量。目标是一种生命力，是一种存在的状态。目标不仅仅是内心想法、希望、愿望和梦想的体现。如果用恰当的方式追求你的目标，就是将能量转化为行动，创造出人生中形式最纯粹的“多一个”。

然而，很多时候，对目标的设定并不是一个有意识的决定，对生活没有改善意义。你设定的目标通常是对生活事件的一种反应或回应。不要像那样被动防守，关键是要用关于目标的正确想法主动充实你的头脑。当你由被动变主动，整个人都是神采奕奕地在完成目标。

这是因为，头脑总是被熟悉的事物吸引，并且吸引到任何必要的资源来推动你前进。你的想法引出你的需求。当你有意识地获取所需要的东西时，大脑就会开始着手实现你的目标。

标准与目标的关系

我将在第 10 章中更详细地介绍标准，但我想先在这里简要地介绍一下，以便你了解目标和标准为什么会联系在一起，以及它们如何为你的利益协同工作。许多人容易将二者混淆，但这两个概念是不一样的。

人们从脑海中的一个念头开始，根据期望的结果来制定目标。例如“我想赚足够多的钱，捐赠一万美元给我最喜欢的慈善机构”，或是“今年夏天我想去欧洲旅行”，这些都是有价值的目标。但如果没有一个行动计划去实现这些目标，梦想成真的可能性就小了很多。

首要任务是，想清楚为了实现目标你愿意忍受什么。

你愿意忍受的，就成了你必须执行的标准。与目标相关的想法联系到行动上，就是你行动的标准。

设定目标却不制定相应的标准就是在浪费时间。标准必须比你设定的目标更有针对性。应当把实现目标看作高标准行动顺带的收获。反过来说，当你充分达到了行动标准，实现目标的概率就大大提高了。

还有，你不可能总是能控制目标的结果。有些事可能会失败，这是正常的。有意义的目标必须是有难度有挑战性的。然而，你可以掌控行动的标准，因为标准是内在的，完全取决于你自己及你愿意投入多少。

有了这个区别，你就已经大概了解了目标的重要性。然而在我看来，有一些关于目标的想法，关于如何为自己的生活创造有意义和可实现的目标的想法，是完全错误的。

保持简单灵活

有成千上万的人乐于给你提供一个创建目标的系统。这里就出现了一个问题：一个系统无法满足所有人的需求。

这是因为每个人处理信息的方式不同。每个人都是独一无二的，由你过往的经历、接受的教育、思想、天赋、缺点和人际关系共同造就。单独一个系统不可能适合每个人制定目标的过程。

有些人的思维是视觉化的，还有些人依赖听觉输入作为处理信息的主要方式，很多人更喜欢触觉的方式，需要亲手接触到他们的目标，这是一个更偏运动知觉的方法。如果你去车商展厅试驾过梦想中的新款汽车，就会明白我的意思。

大多数人都在不同程度上混合了各种各样的方法，形成了自己习惯的信息处理方式。这就是为什么，只建立一个目标设定系统不可能有效满足地球上 70 亿人口的需求。

我认为许多系统不起作用的另一个原因是，系统过于复杂。有些人，如知名演员、企业高管，以及其他高驱动力、以结果为导向的人，可能没有时间或没有意愿去深入研究制定目标的详细方法。

设定目标的正确方法是，用一个简单的行动计划就可以实现。我会教给你一套灵活的方法做到这一点，这样对于任何人来说这个方法都是有意义的。这不是一个系统，而是一个松散的框架，你可以用自己最直接最有效的方法调整具体执行的动作。

在高峰状态下创建目标

只有处在高峰状态时，你才能创造出最好的目标。处于高峰状态时，你的头脑和身体会共同发挥出最佳功能。进一步拆分来看，把你头脑中的想法看作意识，把身体看作潜意识。当意识和潜意识协调一致地努力时，你就拥有了一种强大的力量，可以使你的高峰状态成倍增加并且状态得到提升。

我把身体比作潜意识，是因为太多时候当我们谈到创建目标，只是聚焦在想法上。头脑中的想法使我们处于一种有意识的状态，给出一种我们自认为有利于目标达成的正确思维框架。然而，我们没有意识到的是，要想使头脑发挥最佳功能，身体也必须发挥出最佳的功能。很多人在制定目标时没有关注到自己的身体，这样一来，身体就变成了一种潜意识。

如果没有把潜意识放到主要的位置上，就是没有利用好我们手中全部的工具。而除非能接入全部的工具，否则我们的目标不可能最好地满足我们的需求。当所有工具处于协同状态时，即使你在意识层面没有积极努力，潜意识也会为了目标不断向前推进。

这里有一个关键点要记住：大脑喜欢靠近熟悉的想法。当意识和潜意识都为了你投入其中时，你就是在持续地为了目标而努力。这就是为什么高峰状态的概念是如此强大。这也是为什么，给你的目标关联上令人信服的理由，对成功实现目标至关重要。

令人信服的理由会驱动目标实现

令人信服的理由能让人充满能量、坚忍不拔，推动你挺过艰难的时刻，最终达成目标。令人信服的理由可以转化为你所热爱的目标。

设定目标是为了改变。这就是为什么你的目标需要有挑战性。如果目标没有挑战性，就不能带来改变。那样就是在浪费时间。想为你最喜欢的慈善机构筹集一万美元，这样说是不够有说服力的，因为这只是一件还不错的事情。要带上感情！你越能富有情感地提出令人信服的理由，就越能赋予它更多的能量和韧性。而且这意味着你有更大的可能筹集到一万美元。

例如，你需要在头脑中设定，筹集这笔钱可以给孩子们建一个放学后的去处……这是你童年从未拥有过的；或者用来支持科学研究，让曾经夺走你母亲生命的疾病有望得到治愈；也许这笔钱可以为接收受虐待妇女的收容所购买急需的物资，改善机构的条件。

我年轻时心脏有点不好。那时候我开始想，如果不幸早逝，我会怀念的事情都有哪些。脑海中的一个画面让我改变了生活方式，那就是在女儿贝拉结婚那天我不能陪她走红毯的画面。我甚至无法描述这个画面带给我的情绪震动。怀揣这个令人信服的理由，我开始去健身房、吃得更好、减少压力，选择了一种整体上更健康的生活方式。

这不仅仅是更自律或更有动力的问题。你的目标需要有一个与之相联系的情感因素。这个动机要令人信服，使目标不至于变成让人提不起精神的负担。

创建目标的时候，为你要做的事情决定好“谁，是什么，为什么”的理由。如果你没有激情澎湃的感觉，那么将很难摆脱让你分心的干扰因素，它们会让你与目标渐行渐远。用令人信服的理由作为盔甲，可以抵挡这一类的攻击。

许多目标设定系统还会鼓励你把目标分类。千万别那么做！你的生活是一体的，没有必要搞那么复杂，还要分成财务、信仰、健康、家庭等不同类别的目标。简单一点吧。何必把目标复杂化，加重自己的负担呢？你的目的是让生活变得更轻松、更美好。而创建单一的目标清单时，唯一要记住的是，区分清楚你在创建的是增强型目标，还是改头换面的拓展型目标。

增强型目标比较容易实现。顾名思义，增强型目标的作用是加强生活中的良好势头，在较短时间内带来即时回报。你会得到可累加的奖励。把这些小奖励串在一起就像是在下坡时不断加快速度。这里唯一需要注意的是，仍然要确保你的增强型目标是有意义的和具有挑战性的。

拓展型目标更难实现。你会对这类目标提出更高的要求，期待更高的回报、更大的自我成长。实现这类目标往往需要更长的时间，有时要好几年才能完成。

这两类目标可以结合在一起。让我们用“减肥”这个常见的目标举例说明。先说出一个令人信服的理由，那就是不要因为自己太胖而英年早逝。可以设定一个增强型目标，每周减重2磅（约0.9千克），或者一个月减掉8~10磅（约3.6~4.5千克）。如果你通过合理饮食和规律锻炼设定了具体执行标准，那么这是一个可行度很高的短期目标。

然而，如果你的体重大幅超标，就可以设定一个拓展型目标——至少减重100磅（约45.4千克）。想要实现这个大目标，唯一的办法就是把短期的增强型目标一个个实现。如果做不到先减掉2磅，你就不可能减掉100磅，对吧？

歌德对这其中的关系理解透彻，他说过：“心里想着也许有一天能完成目标，这种程度的努力是不够的；必须把努力的每一步本身当作一个小目标，同时也是实现大目标必经的步骤。”

最后，当你设定了一个目标，就是在大脑中开辟了一个以前不存在的空间。这个空间需要培育。你必须想清楚需要什么样的资源来帮助自己实现这个目标。是否有一本需要看的书？

一个需要联系的人？也许有一个地方需要到访，也许有一个活动需要登场。为了完成目标，用正确的工具完善那个空间吧，否则你就是把自己暴露在努力不足导致目标失败的风险中。

不过，即使你可以拥有令人信服的理由和所有需要的资源，但如果你认为自己配不上设定好的目标，你还是会纠结。

目标与自我价值

如果不相信自己配得上某个特定的结果，你就是在自我破坏。你能获得的成就，不会超过你觉得自己配得上拥有的。可以想象成一个人在拔河比赛中同时拉绳子的两边。无论哪一边赢了，输家都是你自己。

当你创建目标时，必须在头脑中建立两种思维：

（1）增强自我信念。

（2）对着镜子增强自我认同。

这两者都是自我价值的组成部分。除非你对自己充满信心、对自己应得的东西势在必得，否则就会把自己局限在你认为自己适配的目标上。

你必须够清醒够聪明，才不会低估自己的努力。你相信什么，就能做到什么。你的意识和潜意识可以成为伟大的盟友，但如果意识和潜意识不合作，也可能变成在你眼前爆炸的心理炸弹。

用正能量创造你的最佳目标

许多人每天都生活在混乱、担心、焦虑和痛苦之中。背负着这些负能量，人会为了逃避而被动地做出反应。当在这种情况下制定目标，其实就是对既有条件做出被动反应，而不是主动掌控局面去设计自己想要的生活。

当你做出被动反应时，你是在为了逃避而远离某些东西，而不是为了想要得到的东西而更好地前进。只有你带着无拘无束的梦想、摆脱了过去的纠缠和心中的恐惧时，才是你需要设定目标的时候。

很明显，下一个问题是："我要怎么做？"

为了把目标设定好，你需要屏蔽外部因素的影响。这是个挑战，因为每天我们有那么多事情要忙。有一个办法可以帮助头脑做好准备，你可以问自己：在什么状态下我的目标和结果能显著提高质量？是在充满自信心、力量和幸福的状态下，还是在恐惧、失败和抑郁的状态下，哪种情况有助于更好地创建目标？

更好的目标创造出更好的结果。当你摆脱了生活中的消极因素，同时确定了自己想要完成什么的时候，更好的目标就诞生了。同样地，这里没有什么花哨的公式。我希望你能保持简单。切记，要在高峰状态时创建目标。

为了找到高峰状态，需要让你的身体实实在在动起来。去散步、去跑步、去健身房、骑自行车、去游泳或者做几个开合跳。我在本章开篇提到过，当你运动的时候，就能创造出能量，制造内啡肽，并在运动过程中释放内啡肽。内啡肽可以激发你呈现高峰状态。高峰状态联通着最好的创造力状态。

在最好的创造力状态下，你能以不同的方式看待事物。你想象着各种可能性，肾上腺素让你信心满满，立志建立绝对的最佳目标。你身上的这种能量会融入你的目标。

我前面讲到过，目标是能量的一种形式。现在你知道了，是什么点燃了这种能量。

在设定好了最佳目标之后，实现目标的一个关键动作就是经常复述目标。当你复述目标的时候，头脑中会充满了有助于完成目标的各种想法。为了获得最佳效果，当你处在高峰状态时，也要对自己一遍一遍地复述目标。为了在头脑和身体之间——即你的意识状态和潜意识状态之间——创造和谐一致，你在复述目标时必须保持和创造目标时相同的状态。如果状态不对，你的头脑就有可能拒绝这些目标。大脑应当与身体保持同步。

在高峰状态下，你可以使用各种工具来帮助自己复述目标，比如可以用手机、图片、笔记、每日提醒或者任何你觉得合适的工具来加强效果。

此外，创建目标的最好方法是在多个时间维度的框架内进行规划。很多人等到每年的 1 月 1 日才行动。这样也太懒惰太低效了，我都不知道从何说起才好。相比之下，最优秀的高效能人士一天里要多次地创建和回顾目标。

为了改变对生活被动反应的状态，为了设定好自己的目标，需要规划好每小时、每天、每周、每月、每年，甚至三五年后的目标。最好的目标需要有一套综合的时间框架来支撑。这意味着你始终带着紧迫感（增强型目标）和长远方向（拓展型目标）向着目标不断努力。

把这套多维度的综合时间表放在经常能看见的地方，能让你更容易地养成定期复述目标的习惯。这就是在意识中锚定目标的方法。当你把目标锚定在意识中，潜意识就会自动启动，于是大脑就会开始替你工作。

我如何设定目标

关于设定目标，你肯定有自己独一无二的方法。不过，我想和你分享一下我是如何设定目标的，这样你就能更好地理解以上所有的想法和策略在实际的案例中如何融合在一起。

我绝不会冒昧地事无巨细地指导你应该如何设定目标。你得找到最适合自己的方法。每个人设定目标的方法都各有不同，而这也是确保我们找出对自己最有效方法的最佳方式。

对我来说，每年都会想出一个词作为所有目标的总主题。这个词会反映出我的优先事项排序，以及当前所处的人生阶段。我曾经用过的一些主题词有：莫懈怠、信仰、坚韧、爱、关心、感激。一旦我选定了主题词，就进入了那个状态。我仍然会设定独有的目标，但主题词会悄悄地在后台推动整个进程。我会一整年不断地在心里重复这个词。

带着这个主题词，并且把自己调整到心理上的高峰状态后，我开始用一种沉浸式的方式进行目标设定。完全是沉浸式的感觉。首先，我把头脑中认为自己不行的那个部分关掉。然后，把自己想象成一个孩子，在平安夜把所有想收到的礼物列一个清单。清单四分钟就做好了，不用调整，一气呵成。我想到什么就写什么，允许自己把脑海中所有大大小小的欲望一股脑都倒出来。

在这个过程中，我会站起来四处走动。我要确保血液循环良好，保持高峰状态，内心创造出一个强大的能量流。写好了单独的主列表之后，我会做几件事来锁定这组目标。

首先我要确认自己有一个令人信服的理由，随后我会向下深挖，确保这些目标足够具体。泛泛而谈可不行。我的大脑、你的大脑都一样，对模糊的想法无法进行有效处理。大脑在预先加载了详尽精确信息的时候，工作状态最好。

我不会说，“我想健身减肥，这样我会感觉更好”。那些都是空泛的愿望。相反，如果我的目标是减肥，我会把注意力集中在我想要的准确的腰围尺寸、具体要减掉几磅、希望胆固醇和血压数值是多少，等等。

模糊不清会妨碍你思考。具体意味着可靠。这里面没有回旋的余地。做生意，光说我想赚更多的钱是不够的。我需要拿出一个确切的数字。这就是为什么，我决定了要在 30 岁前赚到 100 万美元。具体的目标必须包含日期或截止期限。否则，那几乎就是一个无限期的愿望而已。

接下来，我要确定想要谁来帮我实现这个目标。那个人也许是我的妻子，也许是生意伙伴，也许是我的牧师。为了让目标发挥作用，我必须把目标分享出来。把目标告诉别人有着不容忽视的力量。

目标锁定后，我就开始为实现目标而努力。必备的工作是经常把目标念出来，以及视觉化。有时候一天可以多做几次。我发现最有效的重复方式就是大声复述我的目标。如果增加听觉的元素，影响效力可以再多一层。

所以视觉化也很关键。你可以选择如何把梦想视觉化呈现。有些人使用梦想板和照片。还有些人把清单写在镜子上、浴室里或是汽车上。就我个人而言，最喜欢在脑海中想象相关的画面。这是我的思考方式，也是最适合我的。多多尝试什么最适合你。

复述目标的另一个关键点是，你说的都是真心话。有些目标设定系统要求你的行为举止要假装像已经完成了某个目标的样子。这样做，你只是在欺骗自己，会打破思维的同步性。在你还没做到的时候，别说“我已经有了 100 万美元”。

我发现复述目标对很多人来说是件难事。就我个人而言，我的做法是把目标内容包含在祈祷中，而我每天都祈祷。有些人每天冥想，这也是把目标视觉化的一个好办法。如果每天都保持同一时间复述目标，也会更容易实践一些。对我个人而言，我喜欢在早上醒来睁开眼和晚上睡觉前的时间复述目标。

复述目标也涉及网状激活系统（RAS）。RAS 是一种心理上的能力，可以把重要的事情筛选进意识中，并过滤掉不重要的事情。可以在第 2 章阅读更多关于 RAS 的内容。

终于，我设定目标时要做的最后一件事情是，要创造一种期望，那就是“我一定会达到那个目标”。你有没有注意到，心里期望实现的目标，往往是你一次又一次努力过的目标？心中的期望创造了一个积极的架构，带来了成功所需的工具和资源。当大脑期待你成功时，它会把解决方案放在更触手可及的地方，这样你就可以随时地充分利用起来。

作为“多一个”的思考者，你的人生需要目标。当你用正确的方式精心打磨自己的目标时，会受到挑战，也会获得能量，做任何事情都更加热情而专注。

10

第10章
多一个更高的标准

我们一生中要做出很多的判断，却没有哪一个比我们根据内心的标准对自己所做的判断更重要。

——丹尼斯·威特利[1]

我要揭开一个令人震惊的事实：你很有可能无法达成自己的目标。但好消息是，你保准能收获一套自己的标准。是的，这才是真相。

幸运的是，目标和标准是硬币的一体两面，不可分割地联系在一起。这意味着如果你想要最好的机会达成目标，就需要调整做事标准，那么目标基本上会自动实现。下面来说方法。

---

① 丹尼斯·威特利（Denis Waitley），美国著名畅销书作家、演说家。

目标和标准的区别

我见过许多人混淆了目标和标准，经常误以为它们是一回事。不是的！在实现目标之前，你必须理解标准所起的作用和重要性。

关键区别在这里。目标始于你的念头，是扎根在内心深处你非常渴望实现的成果。如果大脑没有对目标进行确认，那么这些念头就在脑海中一闪而过了。**当下定决心要去实现目标时，把念头采纳为目标并且将其付诸行动的方法之一就是，制定出标准**。可以把标准看作衡量自己表现的基准，代表你愿意忍受的底线。能推动你向目标前进的行动就是你的做事标准。实际上，在你想方设法达到自己标准的过程中，顺带着就把目标实现了。没有标准的目标是空洞的，毫无用处。

外界会不断告诉你要回顾和升级目标，你也应该这么做。但真正的秘诀是，不断回顾和升级你的标准。你需要评估什么是自己愿意忍受的，什么是自己忍受不了的。

你愿意忍受什么

在设定目标时，对于实现目标至关重要的那些标准，你必须确定是否在自己的忍受范围内。要忍受的不仅是那些你必须要做的推动人生进步的事情。你的忍受程度可以用在很多不同的领域，比如当前的人际关系、领导力水平、业务往来等。

此时此刻，你能忍受目前取得的业务进展吗？你能忍受目前的收入水平吗？你能忍受当前所经历的幸福和热情指数吗？如果你觉得可以忍受，就会继续保持现状。只有当你决定不再忍受在一段关系中被那样对待，或是忍受不了自己的业务成果，你才能做出改变。只有当你决定不再忍受只赚这么一点钱，你才会开始向赚更多钱的目标前进。如果你觉得可以忍受，那么大概率你就只能得到那么多。

如果你不改变标准，那么说明相关的目标是无关紧要的。

许多人感到失败痛苦的原因是，他们设定的标准大大低于自己想要的结果。**如果你不来建立自己的标准，并清楚地定义标准，那么会有其他人采取行动破坏你的标准，只是因为他们不清楚什么是你可以接受的，什么不能接受。**

在生活中，有时善意的人也有可能无意中向下推了你一把，他们甚至可能都没意识到对你做了什么。比方说，如果两个人之间不存在较高的标准和适当的边界，这段关系就会很麻烦，而且常常会失败。

人与人之间关系的标准必须定义清楚，并且得到双方同意。还有，永远不要忍受被别人亏待。在人际交往中要树立标准，包括对配偶、男朋友或女朋友、商业伙伴，或是生活中的任何人。要让人际交往标准与自我价值保持一致。

在商业社会中，拥有高标准的组织运营井然有序，能发挥出整个组织的最大潜能。面对激烈的商业竞争，没有高标准无疑会导致失败。在你的公司里，是否每个员工都能清楚说出组织的目标及实现这些目标需要的标准是什么？以及同样重要的是，他们能做到吗？**最伟大的公司和称霸一个时代的球队一样，总是制定最高的标准。**

去哪里找到你的标准

你的标准可以定义你的人生。清楚了解自己的标准从何而来，是提升自我、创造更高标准的必经步骤，将引领你的改变。你的标准会反映出你受到的各种影响：来自你的同事、父母、朋友、亲人的，来自你去过的教堂、用过的各种应用软件和你读过的书的。

你还会受到其他特定人群的影响。如果你是运动员，那么可能会崇拜像西蒙娜·拜尔斯（Simone Biles）、米娅·哈姆（Mia Hamm）、勒布朗·詹姆斯（LeBron James）、迈克·特劳特（Mike Trout）和帕特里克·马霍斯（Patrick Mahomes）这样的体育明星。科技界人士比较认同史蒂夫·乔布斯（Steve Jobs）、马克·扎克伯格（Mark Zuckerberg）和杰夫·贝索斯（Jeff Bezos）。知识分子容易受到伟大的思想家和宗教领袖的感召，比如马丁·路德·金博士（Dr. Martin Luther King，Jr.）、圣雄甘地（Mahatma Gandhi）、安·兰德（Ayn Rand）、里克·沃伦（Rick Warren）和布伦·布朗（Brené Brown）。

永远不要低估音乐传递出的力量，优秀的音乐人有很多，比如迈克尔·杰克逊（Michael Jackson）、碧昂斯（Beyoncé）、阿黛尔（Adele）、泰勒·斯威夫特（Taylor Swift）、约翰·梅尔（John Mayer）、波斯特·马龙（Post Malone）和艾德·希兰（Ed Sheeran）。

也许，与陌生人的闲聊也曾经深深影响了你。

人类本质上是社会性的生物。我们需要来自外界的输入。我们在关系中寻求确定性。大多数人喜欢与志同道合的朋友结成各种各样的团体。我们喜欢互相交流观点、学习新知，这些新鲜的主意有助于滋养和塑造我们的认知。认知会影响信念，包括我们对整个世界、对生活的社区、对自己的家人以及最最重要的——对自身存在的信念。人离不开与其他人的互动，但是你可以做到的是，对人际互动如何塑造你的想法、如何定义你这个人，保持更高的觉察。重点是，清楚了解其他人如何从行为、道德、伦理、宗教等各个方面对你产生了影响。

把大脑想象成一个搅拌器

只要是你接触过的观点，大脑不需要经过你的同意都会照单全收，然后搅拌融合创造出一些新东西。表面上你也许对新的概念完全抗拒，但大脑会在潜意识中进行加工处理。于是过了一段时间，你的思维方式可能会发生变化，也许会变得更加能引领你智慧觉醒，达到更高的人生标准。

我们每天接收的信息输入是看不见摸不着的，但都会影响我们。为了激活你命中注定的改变，必须要有意识地做出决定：只接受你认为有价值的东西，并深思熟虑地运用这个原则，以创造你独特的标准。

如果你懒于思考，只是追随身边经常接触的其他人、环境、团体和媒体，那么就只能得到和其他人一样的结果。这肯定不是通向你自己理想人生的好办法。

激活更高的标准

你对目前的收入水平满意吗？也许过去三年你没换过工作，年薪一直是 7.5 万美元。你告诉自己："明年我要赚十万美元。"这是你的目标。

现在的问题是怎么实现，这就是标准可以发挥作用的地方。标准是你为了实现目标而必须采取的一套具体行动。

在这个案例中，也许你给客户打电话的次数需要增加；也许你需要去参加自我增值的培训课程，让自己成为一个更有吸引力的升职候选人；也许你需要早一点上班、晚一点下班、周六加一会儿班；也许你需要去找一份可以满足你期望薪资的新工作。

只有精确的标准才是最有价值的。

每周给客户多打 20 个电话。参加可以在 18 个月内获得学位的硕士课程。承诺每周六工作六小时，每周有三天下班晚走两小时。尝试将这些行动变成你达成目标的标准。

遗憾的是，许多人永远无法超越做梦这一步。即使有强烈的愿望想实现既定目标，他们也不愿为实现目标有所付出。在生活的各个方面，凡是涉及目标和标准的时候，这两者一定要保持和谐一致，才有助于获得成功。

如果没有标准，目标就只是一堆没有方向的想法和词语。除非用正确的标准把它们组合起来，否则它们就只是永远不能实现的零散的欲望。如果设定了目标却无法达到预期，则是因为你的标准与目标不一致。

这个观点可以真的让人放松一点：当你设定了与目标相匹配的正确标准时，会感到生活的压力减轻很多。目标虽然重要，却变得次要。听起来可能有点违反直觉，但这是真的。

举个例子，假如你想打造一支冠军球队，你愿意忍受的筹备标准是什么？愿意忍受的执行标准是什么？

尼克·萨班（Nick Saban）教练是有史以来最杰出的大学橄榄球教练。他的球队在他执教生涯中取得了300多场比赛中80%以上的胜利。2020年赛季，尽管在赛季中期感染了新冠肺炎，他还是赢得了自己的第七个全国冠军。更加令人印象深刻的是，他执教的深红潮队（Crimson Tide）整个赛季取得了13胜0负的不败战绩。

萨班教练制定的标准与其他大多数教练不同。其他教练的标准是“我们会一直练习，直到做对为止”。萨班教练的标准是：“我们要练习到不会出错为止。”

这是更高层次的思维和更高层次的标准。这是冠军的标准。其中的差异非常微妙，却是史上最佳教练与其他教练的差别。

设定更高标准的九种方法

如何设定清晰明确的更高标准取决于你自己，每个人都是独一无二的。但是有一些可以普遍应用的原则，无论你的目标是什么，都能确保你创造出质量更高的标准。

需要考虑以下几点：

1．了解自己的“为什么”

除非你清楚自己的动机，否则无法为目标制定出最佳标准。表达方式不同，会带来明显的差别。“我想减掉 50 磅（约 22.7 千克），因为这可能是个好主意”，或者换种说法：“我想减掉 50 磅，因为我的后背很疼，医生说我有高血压，糖尿病指标也达到临界值，我可能活不到看见孙辈出生。”你做一件事的理由越强烈、越明确，就越有可能坚持自己的标准。

2．将更高的标准分解为详细的、可实现的步骤

不要说：“我要起来跑一会儿步，然后举重。”要目标明确、细致具体。告诉自己：“我要每周跑三天，每次跑八英里（约 12.9 千米）；和教练一起制订最佳的力量训练计划，每周训练五天；我还要改变饮食习惯，多摄入优质蛋白质和蔬菜水果。”

3．对自己诚实

如果你已经 55 岁、体重 350 磅（约 158.8 千克），并且想进行上述的锻炼计划，那么注定会失败，弄不好还会有危险，要惊动救护车。

在制定现实的目标和标准时，不要让自负支配你的头脑。从对你有意义的地方起步。一旦开始取得进步，你随时可以升级目标和标准。在制定自己的标准时，对自己要有分寸、坦诚透明。

4．在薄弱的领域获取帮助

你可以找一个健身伙伴或找一位业务经验丰富的导师；也可

以听听励志的播客；让自己与志同道合的人一起踏上志同道合的旅程。竭尽所能加强你的努力吧！

有些日子、有些时期你会动摇，想要放弃。这很正常。你可能会质疑，那个目标是否值得。你可能会告诉自己，这个标准太高了。欢迎来到真实的人间。

这里就需要精神上的自律来介入。重温你最初的动机，了解是什么给你造成了影响和阻碍，然后尽可能把它们清除。

善意的朋友、家人和工作伙伴可能是你最大的敌人，因为他们也是你最大的盟友。不管是否喜欢，你在乎他们的想法，好的坏的都在意。作为你核心朋友圈的成员，他们会持续地影响你的思想和行动。你需要负责筛选出那些对自己是积极的有意义的信息。不要仅仅因为彼此熟悉，就被一些小事动摇，影响自己的产出。

有价值的目标和相应的标准本来就不是能轻易达到的。如果你的意志力动摇了，就再加倍努力，相信聪明的你一定能认识到努力工作是成功的必经之路。

5．利用科技手段设定和维护自己的新标准

不久之前，自我提升的大师还在教导我们，需要把目标写下来，然后每天对着镜子里的自己复述目标。到了今天，科技水平已经取得了长足进步。为了提升成功的概率，可以借助技术手段来帮助自己设置和维护标准。

可以用手机或电脑做个视频，展示你的目标和标准。最好在你精神集中、精力充沛的时候，与自己对话，拍成视频。这样，当回放的时候，你每次看到的自己都处在高峰状态。

与单独写下来不同，用视频的方法可以给大脑发送额外的听觉和视觉刺激，进而提高大脑突触的可塑性。于是，大脑具备了更好的灵活性和适应性，更加适合学习。

视频中你正在观看的那个人就是你想成为的人。想象那就是你自己的升级版。

6．专心思考你的目标与标准之间的关系

威廉姆斯姐妹①可不是通过每周放学后出去练几次、随便在哪里打一场友谊赛就学会了打网球，还打出了世界级水平。姐妹俩都是非常成功的网球运动员，因为她们花了几千个小时磨炼球技，对球场上每一个细微的动作精益求精，终于成就一代网坛传奇。为了成为世界上最好的网球运动员，她们创造了与目标相称的标准。

当你的标准不符合目标的要求时，你会缺少适当的动力。如果标准低于你的能力水平，则会让你觉得没挑战、没兴趣。标准低则结果差。那又何必折腾呢？

7．忘掉完美

把完美当作最低的标准，这一点绝对致命。实际上，完美并不存在。如果你不想让自己挫败不堪、中途放弃，就别给自己预设一定要表现完美。就连威廉姆斯姐妹在成长过程中也输过很多比赛。

而且，完美是很无聊的！正是我们身上的缺点让我们变得有趣，成为真实可亲近的人。每个人都有缺点。那些认为自己

---

① 威廉姆斯姐妹，美国网球运动员，姐姐维纳斯·威廉姆斯（Venus Williams）常被中国球迷称为“大威”，妹妹塞蕾娜·威廉姆斯（Serena Williams）被称为“小威”。

没有缺点的人，才是缺点最大的人。

8．不要想太多

要勤勉，要细致。但看在老天的分儿上，别太自以为是了，起来去行动吧。我见过成千上万的人，因为想太多而成为自己最大的敌人。我见过太多人有超棒的想法、能开创超棒的事业，却只是做些小修小补、浅尝辄止的事情，把注意力浪费在细枝末节上，甚至还没站上起跑线就败下阵来。

思考是好的。但想太多就不好了！

9．设定标准来取悦自己

这一点我已经讲过了，但值得重复强调，因为我们天生总想着取悦别人。在制定自己的标准时，要自私一点。这是你的人生旅程，是你自己的事情，不属于任何其他人。保持这个态度，否则会浪费你很多时间，且事情最后还会变成一个让人无法接受的大烂摊子，比原本的状态还糟糕。

我喜欢里克·皮蒂诺①的观点："当你给自己的表现设定一个很高的标准，比周围任何人都高，那么你的老板是严厉还是随和，已经无所谓了。也无所谓这场竞争是否会把你逼得太紧，因为你将与自己竞争。"

提高标准是一个持续的过程

没有人比你更清楚自己的标准应该是什么。尽管如此，制定标准却并不总是一件容易的事情。

---

① 里克·皮蒂诺（Rick Pitino），美国知名篮球教练。

如果你想追求突破，做一些新的事情，但可能暂时还不具备全部所需的工具和知识，无法准确地评估需要制定什么样的标准才能达成目标。

好消息是，情况不是一成不变的。人们常常创造出自认为符合目标要求的标准。然而，随着经验增长及其他变量发挥作用，新的动态情况会催生新的需求，需要启用更高的标准。

你的标准应该具有适当的挑战性。你会一路成长，一路改变。所以，应该定期回顾当前的目标和更高一层的标准。当你掌握了一个标准并达成了目标，就要继续向上调整。

如果你一直勤勉努力，对有些事情开始觉得“容易”了，那么你会感觉到的。一旦你实现了想要的目标，也许是时候再设定一个新目标，用上新的标准。但为了让人生有显著的改变，你可以考虑把任务升级，创建一个更高的标准。这个标准要能推动你在当前成就的基础上实现一个更有价值的目标。

而且，拿自己或自己的标准和别人比较是不健康的。这是你的旅程，只属于你一个人。保持这种心态！你完全不了解别人正在经历什么，即使是对方向你倾诉的时候。尤其是在别人向你倾诉的时候，你只会听到别人想让你听到的。当你做比较的时候，也会倾向于把自己的标准向下调整，去对齐别人的标准。这是不可接受的。做比较是人的天性，但我现在要告诉你，千万别那么做！

现在考虑一下另一种情况。假设你把自己的标准与别人的标准进行比较，发现对方的标准很高，高得令人难以置信。在这种情况下，你可能会使自己内心陷入一种巨大的失望感。这就是浪费时间，对你毫无助益，无法帮你靠近心中的目标。你唯一应该做比较的对象就是你自己。

设定了更高标准之后

改变会产生后续的结果。设定更高的标准是一种改变，也会产生相应的结果。当“多一个”的思考者设定了更高的标准，将会体验到相应的结果，好的坏的都会有。

好处是显而易见的。把自身的目标与更高标准保持一致，就可以享受到更充实更美满的生活。当你在生活中多个领域反复应用这个过程，会感受到一种强大的转变。你会对自己更好，也对别人更好。同样地，其他人会明白你对人际关系中的相处方式有了更高期望值。大多数人会尊重你的期望，给予你更多的尊重。

然而，身边的一些人会嫉妒你的自律和成功。如果他们继续怀疑你，一直嫉妒你，如果他们想不明白自己其实可以分享你的成功、为你喝彩，那么你就需要重新考虑与这些人的关系。其实他们很快就会好的。如果不行，尽管听起来很残忍，但你可能需要离开这些人。

随着你的标准逐渐提高，你也变得更加有韧性，从挫折中恢复得更快。你会习惯更高的标准，改掉原先低水平的做事原则。即便这一次你没有完全取得成功，也是跌倒在一个更高的水平线上，站上了更高的起点。当你拍掉身上的尘土，就会进入一个更好的状态，朝着新的目标和更高的标准继续前进。

设定更高的人生标准并非易事。但想想另一种选项：假如你胸无大志、得过且过、对自己没什么要求，最终会辜负了自身能力，过着配不上自己的生活。你会做何选择?

11

第 11 章

多一个敢想的思考者和能干的实现者

一个人的哲学不是用语言表达的，而是从他做出的选择中体现出来的。长远来看，我们塑造生活，我们塑造自我。这个过程永不停歇，直到生命尽头。而且，我们所作的选择终归是自己的责任。

——埃莉诺·罗斯福[①]

“多一个”哲学的底层逻辑是把思考和行动结合起来。

要活出最精彩的人生，仅仅思考想做什么是不够的。也许你的思考十分新颖、切中要害。但除非你就此采取行动，否则

① 埃莉诺·罗斯福（Eleanor Roosevelt），美国第 32 任总统富兰克林·罗斯福的妻子，美国历史上最受欢迎的第一夫人。

不会有任何进展。多一个的思考者必须也是多一个的实干家。如果将这两个要素正确地结合起来，我希望你成为敢想的思考者，同时也是能干的实现者。

学会思考，多多行动

如果你真心想提升自己的人生，关于这个主题力荐的一本书是拿破仑·希尔（Napoleon Hill）写的《思考致富》（*Think and Grow Rich*）。一代又一代成功的商人、企业家、艺人、运动员，以及那些为人谦逊、胸怀世界的人，都阅读过这本具有开创意义的书，他们汲取书中的宝贵想法、获得启发、达到人生新的高度。

作为“多一个”的思考者，你应该读读希尔的这本书。书中有几个很棒的工具可以帮助你冲破阻碍、活跃思维、更敢于梦想，即使是绝大多数人都认为不可能的事情也不在话下。

梦想等于财富。无论你的梦想是在怀俄明州的牧场生活，养一大群牛；还是创办一家企业为全球贫困地区提供清洁饮用水；又或许你梦想着成为职业演奏家，或是作为艺人为他人带来欢乐。

我对拿破仑·希尔其人和《思考致富》这本书都深怀敬意。但我认为这本书的唯一问题是，在当今这个时代它已经不适合用作高效能表现的基石。这本书写于1937年，那时的世界与今天截然不同。美国正深陷大萧条，大量人员失业，忍饥挨饿。欧洲问题正在发酵，即将演变为第二次世界大战的不祥征兆。美国人民需要希望。拿破仑·希尔受到安德鲁·卡内基（Andrew Carnegie）的建议启发，写下这本书向人们传递希望。

出版 80 多年来，《思考致富》已售出超过 1500 万册，被誉为追求成功的必读书目，适合各行各业人士。书中的所有法则对成功来说都至关重要。时至今日这些法则仍然是有效且强大的成功策略，值得重温。

这些法则是：

思想即实物
愿望
信心
自我暗示
专业知识
想象力
组织计划
决心
毅力
智囊团的力量
性的奥秘
潜意识
大脑
第六感

读过那本书的朋友应该了解，所有这些概念主要是与思想有关。但你不可能只靠思考就能变得有钱。实干才能致富。更确切地说，当你行动与思想一致的时候，才会变得更富有、更高效或更快乐。

希尔有一个关于行动的观点广为流传：“一个在工作中不吝付出的人，很快就会赚到超越付出的报酬。”但是，他书里这个观点走得还不够远。如果你想达成目标，就必须将行动与思考结合起来。

想法是梦想的起点，你也应当为自己树立远大的目标。可悲的是，许多人永远无法超越梦想这一步。他们的梦想止步于脑海中的想法。那些未能实现的伟大梦想和幸福愿景真令人惋惜。

梦想是敢想思维的精髓。你必须有梦想的能力，才能为心中愿景播下种子。

当这种敢想的思维与向着梦想用心努力的行动结合起来，你就成了一名实现者，可以将不可能变成可能。

把梦想想象成你的自我挑战。用梦想挑战自己不会带来任何损失。这种方式很健康。我极力推荐你花点时间仔细思考，有什么能帮你找到属于自己的财富人生。

但不要止步于思考。要实现生活早已为你准备好的惊喜，就必须多想多做。梦想和思考如果没有行动作为支撑，只会让人感到困惑、沮丧。

多一个的思考者明白这一点，并活用了牛顿第三定律的一个新推论。我们知道原始定律是这么说的：“每个作用力，都有一个大小相等方向相反的反作用力。”此处的新推论是：“每一个想法，都有一个大小相等相辅相成的行动力。”思想和行动是成双成对存在的。继续借用牛顿的定律，多一个的思考者还懂得“梦想有多大，就应当匹配多大的行动力”。

你无法时刻控制自己的想法。这是人类大脑功能的美妙之处。头脑中的梦想不分对错。问题在于，人无法确切衡量自己的想法。但是，你可以控制自己做的事情，而做了什么事是可衡量的。

举个例子，如果你在健身房锻炼想增强手臂力量，那么原本举哑铃 2 组每组 8 次，可以变成举 3 组每组 10 次。如果你想更好地有氧健身，可以将在跑步机上跑 30 分钟变成 45 分钟，把每周锻炼 3 次改成一周去健身房 5 次。

通过行动衡量进步，会使你成为一个能干的实现者。采取行动会有相关的风险和损失吗？当然有。但不行动的风险和损失会大得多。缺乏行动力会抑制进步、扼杀个人成长。你的时间是有限的，为什么还要继续呆坐着？去纵身跃入向往的生活吧！

成为敢想的思考者和能干的实现者

历史上伟大的哲学家早就领悟了思想与行动之间的联系。

古希腊哲学家埃皮克提图斯（Epictetus）鼓励他的追随者“……不必担心那些在你控制范围之外的事情。你唯一能指挥的就是自己的思想和行动。我们要选择自己的应对方式。别再渴望成为其他任何人，要成为最好的自己，这才是确实在你掌控范围之内的事情。”

《圣经》中提到：爱不是甜言蜜语，也不是长篇大论，爱是真实的行动。

许多人发表过类似的观点，圣雄甘地也说过：

信念决定想法，
想法决定语言，
语言决定行为，
行为决定习惯，
习惯决定价值观，
价值观决定命运。

马克·吐温的表达更简洁，但同样有效。他写道："行动胜于高谈阔论，但人们往往说得多做得少。"

成为敢想的思考者和能干的实现者，这个概念并不新鲜。但问题是，人们往往忽视了需要把两者结合在一起。拖延、否认、恐惧，都是让思考者陷入空想困境而止步不前的常见原因。

很多男士看到一位有魅力的女士会想要和她约会。但只有少数人能突破心中的恐惧和拖延，有勇气坚持到底。你肯定见过有美女挽着一个貌似平平无奇的男人，忍不住想问"他凭什么?!"凭他是一个敢想的思考者和能干的实现者。

最令人惊叹的是婴儿。拿一个简单的动作举例——婴儿学走路。小婴儿原本只知道爬来爬去。看着别人直立行走，他开始向往自己也能打破不可能，凭自己的力量站起来。起初，他会抓住茶几或沙发的边缘，把自己拉起来。他会摔倒，会哭泣，磕磕碰碰，身上青一块紫一块。终于，这个婴儿站起来了，他把一只脚放到另一只脚前面，在爸爸妈妈欣喜的注视中，开始学会走路了。从第一次练习站立到能够独立行走，小婴儿需要练上几百个小时。这是成长的一大里程碑，值得每一位家长热烈庆祝。

如果小婴儿能做到，你也可以，成为一个敢想的思考者和能干的实现者吧。你必须敢于心怀远大的梦想，抓住机会，克服阻碍，尽管放手去做。无论你是想学跳交谊舞、做股票交易，还是立志成为卡内基音乐厅的主演，让你的潜意识发挥作用吧，很快，行动将推动你朝着目标前进。

观看自己的无声电影

给我看你的动作和行为，我就能说出你的想法。那是因为行动会反映想法。然而，想法却不一定是行动的反映。

这一点很重要。因为一旦你了解了一个人思想与行动之间是如何相互作用的，就可以预测别人的行为。我想你肯定会认同这是一个强大好用的工具。下面用几个例子解释说明。

我没法凭空看出来你是否在考虑通过节食减肥 40 磅（约 18.1 千克）。但是，我可以根据你的饮食习惯和锻炼方式，判断出你的身材会如何变化。你会在深夜狼吞虎咽吃饼干和冰激凌吗？还是说，你每周都会跑步或健身好几次？

有些“线索”可以给到女士参考，适用于与某位男士初次约会时判断他是什么样的人，以及是否应该继续发展这段关系。

这些不是一票否决的指标，但绝对是值得注意的信号。例如，他会为你开门吗？他如何对待餐厅女主人和服务员？他和你在一起时会关掉手机吗？或者最起码的，如果不得不接一个重要电话，他会道歉吗？许多人所说的女性直觉，其实可能只是高度敏感的留心观察。

当你和某人在桌边对坐，准备谈一笔大生意，那个人的肢体语言会透露出他是不是真心感兴趣。他是急于走完过场，还是提出了重要的问题要深入了解交易细节、想实现更好的收益？他是要在细枝末节上磨你的脾气，还是明白最好的生意是合作共赢、所以努力寻求共识？

在以上这些情境中，以及日常大多数互动中，行胜于言。生活不是根据你的想法，而是根据你的行动展开的。给我看你做了什么，我就能说出你在想些什么。为了说明这一点，我发明了一个方法叫作“看无声电影”。

假设，你与他人的所有互动都是无声的。你别无选择，只能根据人们的行为去猜测和判断。实际上，没有声音意味着你听不到别人的想法。然而，尽管没有声音，你仍然可以通过眼前放映的无声电影，看到人们脑海中想法带来的结果。

还有一个更简单的方法，可以理解和测试“看无声电影”这个方法。回头你坐在家里的沙发上找一个以前没看过的节目，打开画面，但马上关掉声音。浪漫喜剧类的节目特别适合做这个测试。在两个小时的时间里，故事情节的焦点一般是隐秘的欲望如何逐步显现。玩一下这个游戏，试试看你能只根据人物动作来弄清楚情节吗？

其实你可能已经这么做过了。当朋友或家人打来电话而你又不想暂停正在观看的节目，就会把电视静音，一边简单聊几句，一边盯着电视画面。大多数情况下，当通话结束时，你不需要把节目倒回去重播。你只会取消静音，继续观看，不觉得自己错过了什么。

知行合一是关键

在生活中，成功的关键是与他人的良好互动。为了取得积极的成果，努力理解对方的想法是非常关键的。但是有一点，我前面提到过的：不可能每次都猜得准。没错，确实有很多人因为说话太多而泄露了底牌。但也有相当多的人守口如瓶极力隐藏自己的想法，有时候甚至会撒谎。

读懂别人想法的好办法，同样适合用在自己身上。知行合一是取得成功的关键。即便对于许多人来说，在想法和行动之间取得平衡可能并非易事，但是，当想法在行动中体现出来的那个时刻，你就做到了知行合一。这就是为什么人群中的佼佼者都成了敢想的思考者和能干的实现者。

当你设定了高标准，并采取了与想法一致的高标准行动时，就会享受到成功和幸福。正如英国哲学家、医生约翰·洛克（John Locke）曾经说过的："我一直认为男人的行动是他们想法最好的诠释。"种子已经深深植入你的大脑，只要你知行合一，做该做的事情就没那么困难。

我认识一些积极的思考者，都成了人生赢家。我也认识许多持怀疑和悲观态度的思考者，在生活中同样取得了成功。我认识一些志存高远的人赢得了胜利；也认识同样目标远大的人遗憾失败。我知道有人敢想敢干激进求胜，也知道有人行事保守稳中取胜。

人们成功背后不会只有一种单一的思维方式。但只有一种行事方式可以带来非凡的成果：成为敢想的思考者和能干的实现者。

马丁·路德·金《爱的力量》及其引发的思考

对我有所了解的读者一定知道，我认为马丁·路德·金是有史以来最优秀的人物之一。我经常怀着崇敬的心情仰望他，从中获得安慰和智慧。我想分享他的布道集《爱的力量》中的一段话，这段话深深影响了我，我望也能带给你同样的效果。这段话对于成为敢想的思考者和能干的实现者意味着什么、会有怎样持续的挑战，是最好的总结：

人生最大的悲剧之一是，人们很少弥合实践与专精、做与说之间的鸿沟。持续的精神分裂症让许多人悲惨地自我分裂、自我阻碍。

一方面，我们自豪地宣称某些尊贵崇高的原则，但另一方面，实际的做法却可悲地与那些原则背道而驰。多少次，我们的生活被信仰的血脉偾张和行动的匮乏贫瘠共同影响着！

我们高谈阔论着对基督教教义的承诺，然而生活中却渗透了异教的行为。我们宣称致力于民主事业，但可悲的是，实践中却与民主信条背道而驰。我们热情洋溢地探讨和平，同时却孜孜不倦地为战争做准备。我们殷切地呼吁公平正义的康庄大道，扭头却大摇大摆地踏上了背信弃义的羊肠小道。

这种怪异的分裂，这种在理想与现实之间痛苦的鸿沟，代表了人生一世苦旅的悲剧性主题。

12

第12章 多一个习惯

> 把坏习惯从好习惯中减去之后，留下来的部分才是你在这个世界上的净资产。
>
> ——本杰明·富兰克林

给我看看你的习惯，我就能看到你的人生。

我可以根据你的习惯，相当准确地预测出你将来能达成什么成就，因为人生的成果与习惯直接相关。

大脑是非常高效的器官，所以它明白习惯的重要性。大脑的DNA生来就为了保护你而尽可能节约精神能量/心理能量。节约能量意味着，在生活中需要更多脑力的时候，把本来要用在其他地方的能量存储下来给大脑用。

这与习惯有什么关系？

你的大脑一直在努力节约能量。

理解这一点很重要，因为这与如何建立习惯、改变习惯、甚至你为什么会形成习惯的最初原因都直接相关。

习惯是大脑下意识行动方式的直接结果，这是为了确保你可以用较少的能量就得到想要的结果。有了习惯，大脑就知道了你需要做什么，会切换到“自动驾驶模式”，就像把汽车设置为巡航模式以实现燃料效率最大化。

想一想每天早上你醒来之后，走一遍梳洗、打扮、吃早餐的例行公事。如果有固定的时间表，那么大多数时候你可能都是还没完全清醒，梦游似的做完这些事情，然后才感觉准备好开始新的一天了。那种心头一振的感觉，你懂的，早晨终于清醒的第一个时刻。但其实很少有人能在刚起床的时候就彻底清醒。

你之所以在日常动作启动后才达到清醒状态，是因为习惯带着你完成了前面的事情。

下面的话你肯定喜欢听：有研究表明，人的大多数行动都是习惯。

有人早上 8 点之前喝两杯咖啡，雷打不动。也有人每天都在固定时间吃午餐。高尔夫球手在挥杆时有严格的例行步骤，去健身的人经常在每周固定的日子去健身房练固定的项目。

有时候一些习惯甚至非常具体、与日常生活融为一体，我们甚至很少察觉。例如，大多数人在一天开始的时候要么先刷牙要么先进淋浴间，差不多都是这样。

你的习惯是什么？先刷牙还是先淋浴？你会经常想到这件事吗？

让我们的思考更进一步。

本章后面将进一步讨论到触发器，但是现在，当你走进淋浴间，水就是触发器，开启你在淋浴时的习惯。

你习惯先洗头发吗？你会抓起香皂、洗把脸，然后洗身体吗？你是经常站着让水流冲一会儿后背放松一下，还是开始想今天的计划？

我敢打赌，你每天的梳洗整理都有个顺序，但你根本不会去想这个顺序，对吧？

说一个习惯运作的典型例子。

当你坐进车里准备去上班，启动引擎是一个触发器，开启了你开车上班路上的习惯。你可能会调整后视镜、系好安全带、打开音响、播放喜爱的播客，然后查看仪表盘，最后一脚油门驶出大门。

大脑进入习惯模式，因为你已经开车上班很多次了，大脑不需要什么主动思考就知道该怎么做。

启动引擎这个触发器会引发通勤途中的一系列习惯，在这个过程中为你省下不少脑力。

可以归为习惯的行动类型不胜枚举。平时你都想不起来，只是那么做了。而且很多时候，那些习惯对你来说恰到好处。

但也并非总是如此。有时你会养成坏习惯，坏习惯最终不会起到什么好作用。

有了坏习惯之后，如果想让生活改善，就要密切关注你的习惯，并使其向与人生目标成果一致的方向做出改变。

有意识地养成习惯

遇到压力的时候，大脑总是会进入习惯模式。习惯是种条件反射。

例如，你想保持好身材，但你的习惯是每周只去两次健身房，平时还偷偷吃掉很多垃圾食品，那你肯定不会实现目标。

如果想要亲密幸福的家庭生活，那么你是否每周安排一个晚上与爱人约会，或是留出时间陪陪孩子？你们家所有人会定期聚一聚吗？是否有大多数日子都是全家人一起围坐吃晚餐的习惯？

这些类型的习惯能为你创造幸福的家庭生活。

也许你想要生活中更加心态平和，但你没有养成祈祷、冥想的习惯。如果你不去做那些必要的雅致的事情，又如何能让心绪平静？

或者，你想成为一名优秀的领导者，却没有积极地将领导力的关键原则应用在工作和生活中，那么你也会在这些领域失败。**想要过好每一天的生活，热情饱满很重要，但远不及养成好习惯重要。**

奥克塔维娅·巴特勒[①]曾说过："……忘记灵感吧。习惯更可靠。无论是否有灵感，习惯都会让你保持状态在线。"

你可能信奉或者听说过动机和灵感多么重要，但恰恰相反，生活中人与人之间拉开差距的最大因素是习惯。当你为了成功

---

① 奥克塔维娅·巴特勒（Octavia Butler），美国科幻小说家，雨果奖和星云奖得主。

需要做一些事，但一点儿也不想去做的时候，是习惯帮你熬过那些日子。

当你感觉不好或是状态不太理想时，会做点什么？在那样的状态下，如何能向着目标取得项目进展？

要靠程序和习惯。

动机和灵感来来去去。但是程序和习惯是不变的。

养成积极有效的习惯可以改变你的生活。好消息是，只需几个简单的步骤即可实现。没必要让这个过程变得太复杂。

但是，在学习具体做法之前，关键要了解习惯是如何产生的、为什么我们如此依赖习惯、当习惯介入时大脑内部会发生什么？

习惯的科学原理

当你明白习惯是如何养成的及为什么大脑要用习惯来令你获益，学习如何升级你的习惯才更有意义。

如果我们整天处于放松的状态中，日子会过得很轻松。相反，生活常常伴随着不同程度的紧张和压力。引发压力的原因可能有很多，诸如该付账单了、篮球运动员在比赛中马上要投出一个关键球、和伴侣意见不合、参加与老板或大客户的重要会议。

你认为这些是生活中正常的一部分。然而，用神经学术语来描述，你的大脑无法区分这些事件，大脑会将其视为威胁。当我们感知到威胁，大脑就会按下开关，关闭思维模式，进入反射模式。在反射模式中我们会被动反应，退回到已知的事物中，作为一种自我保护。

习惯正是我们已知的。

用生物学术语来讲，为了应对感知到的威胁，下丘脑被激活并促使肾上腺释放肾上腺素和皮质醇这样的激素。肾上腺素可以加快心率，提高血压和活力水平。皮质醇是人体的主要压力荷尔蒙，当它被激活，会将葡萄糖释放到血液中。这会触发多种生理功能，包括大脑中控制情绪、激励和恐惧的预警区域。

此外，当压力袭来，你进入习惯模式时，如果你没养成正确的习惯，就会陷入抑郁、绝望和恐惧之中。如果这种情况反复发生，则会导致慢性焦虑、心脏病、睡眠问题、体重增加、消化问题、记忆力和专注力下降等诸多问题。

反之，当你养成了积极的习惯，好习惯带来好结果，身体就会分泌多巴胺。多巴胺会让人产生一种欣快感，让身体系统恢复活力、保存能量，这就是大脑本能地想要多多益善的事情。

如果你的习惯中包含自信、热情、坚韧、力量与平静，那么压力来袭时你会条件反射般地调动起这些情绪。

多巴胺通路控制基底神经节的运作。基底神经节位于大脑的“基底”或底部。这个原子核团在大脑中发挥着重要的作用，参与了一系列与认知、情绪和运动相关的功能。

这就说到了以上所有这些与习惯的联系。

大脑可以随着经验而改变和适应。这被称为大脑可塑性或神经可塑性。

神经元是大脑和神经系统的组成部分。神经可塑性意味着神经元可以重新排布，开发新的通路，并创建新的连接。

当基底神经节参与塑造神经时，正是新习惯养成的时刻。

神经可塑性可以让你学习新事物、增强已有的认知能力、从中风和创伤性脑损伤中恢复，并加强一些已经流失或正在衰退的大脑功能。

现在，让我们将这些科学知识，融入养成“多一个”新习惯的方法中。

触发，行动，奖励

作为“多一个”的思考者，你的目标是打造能专注释放多巴胺的新习惯，尽量减少大脑对威胁的感知，没有威胁就不会释放肾上腺素和皮质醇。请记住，习惯与情绪直接相关，而情绪是由基底神经节控制的，那里是情绪的源头。

不管你是否能意识到，正是这些习惯性的情绪在控制着你。所以，重新构建情绪也会重塑你的习惯。因为习惯占据了生活中很大的篇幅，所以当你调整思维方式、养成积极的习惯，就可以在你想要提升的任何领域突飞猛进。

打造新习惯包括三个步骤：触发、行动和奖励。

触发

打造新习惯的关键是有意识地思考和重复。

要培养有意识地思考和重复的习惯，你应该做的第一步是制作习惯清单，列出达成特定目标需要的所有习惯。要非常具体，并且要写下来。

例如，如果你的目标和健身有关，那么有哪些习惯需要培养？你需要养成什么样的运动习惯、饮食习惯、蛋白质摄入习惯和饮水习惯才能完成这个目标？

然后，列出与你想要实现的目标相违背的坏习惯。你可以先从在压力情境下不由自主陷入的情绪开始，一一列出来。你会焦躁、愤怒、恐惧、紧张或失去信心吗？那些习惯性的情绪会影响你的行为。

你可以一边列清单一边问问自己："当感到压力时，如果我带着这些负面情绪会取得更好的结果吗？如果拥有更积极的情绪，比如冷静、平静和专注，会怎么样？"

记住，大脑一直致力于找到节约能量的方法。大脑会尽量减少生活中需要做选择的次数，并且把习惯植入你的潜意识来替代做选择。这是大脑节约能量的方式。

当大脑感知到外部活动的影响，就会被触发做出反应。基底神经节开始工作，做出回应。除非有特殊情况，一般来说习惯会是被触发的主要反应。这就是为什么在你的大脑中设定好适当的习惯是很重要的。一个积极的习惯性反应更有可能带来一次多巴胺的释放。

行动

你所采取的行动是高度警觉状态下的反应。

假设你是一名棒球运动员，并且走进了击球区。身体会自动把这当作一个重要的情况，并识别到你需要高水平地执行这个任务。

身体不能区分玩游戏与逃离火灾现场有什么不同，只知道必须调动大脑已知的最优方式来处理外部刺激。

作为一名棒球击球手你已经养成了良好的习惯，带着这样的状态步入击球区，你信心十足。你的大脑和身体会做出反射性的反应。用棒球术语来说，你有更大的机会被“锁定”，有更高概率打出漂亮的一击。

下面，分享一个我在帮助运动员改变习惯和表现时常用的做法。

无论你是什么项目的竞技选手，或早或晚都有可能陷入低谷。也许是高尔夫球手打不中简单的推杆，也许是篮球运动员很难罚球得分。如果你从事销售工作，低谷也许是你连续错失了一连串的成交机会。

怎么办？你需要打造一个新的习惯。

怎么做到呢？你首先需要打造一个新的触发器。

当我在帮助运动员改变习惯和表现时，要做的第一件事就是让他们改变触发动作。这意味着，他们进入击球区时首先要做的就是改变触发器，改变使自己进入习惯模式的触发动作。例如，在准备好挥棒击球之前，他们不再是敲一次本垒板，而是敲三次。也许我会让他们用和以前不同的方式调整手套，或者改变挥球棒的练习次数。这样做可以触发新的习惯。

虽然这些事情看起来微不足道，但当你有意识地去做的时候，就会摆脱那些对你不好的习惯，迫使大脑进入新的思维模式。微小的调整是打造新习惯的触发器，可能会彻底改变一场球的表现。

还有一件事要明白，要改变大脑的构造、塑造新的通路，需要不断地重复。打造正确行为来培养更好的习惯需要练习，不厌其烦地练习！

你不能指望一件事只做一次就变成习惯。根据你想做的或要改变的具体情况，建立新习惯可能需要几天到几个月不等的时间。

马克·吐温曾经精辟地诠释过这个观点，他说："你不能把习惯一把扔出窗外；必须一步一步地引它下楼。"

如果有耐心并且用心，在大多数情况下，你可以在 30 天内养成一个新习惯。但你可不能偷懒。在新习惯养成之前你必须很努力，想一想自己在做什么、要达到什么目标。

奖励

这个就是回报。当养成一个新习惯，并运用新习惯实现了一个目标时，你的体内会释放多巴胺。这些多巴胺会告诉大脑，你想再来一次。大脑释放的多巴胺越多，你重复这个动作的欲望就越强烈。

奖励是什么样的？

奖励可以很简单，比如你在棒球赛中抢到一垒，大家欢呼庆祝。奖励可以是很小的事情，比如谈成一笔大买卖后走出会议室和同事击掌。

有时候，行动本身就是奖励，可以是一次本垒打、一次销售成交或是晚上外出约会时你的爱人坐在对面表情陶醉；也可以是当你完成了很多重要的事情度过了精彩的一天之后，静静地放松片刻，浅酌一杯红酒。

当你重新构建触发器并改变行动时，大脑会做出积极的反应，因为你已经达到了更高的一致性。你不再和大脑对着干，取而代之的是大脑来奖励你。

你可能会问自己，奖励重要吗？相当重要！

当你给自己一个奖励，就为触发和行动创造了一个必不可少的强化。通过大脑中产生的化学反应，你就能锁定习惯。

改变足够多的习惯和获得更多的奖励，是实现整体状态更大提升的必要环节。每次养成多一个习惯，都会令人更加快乐，因为你会更有成效地按照应有的方式提升自己的生活。

在本章的开头我就说过，这些步骤会很简单，真的很简单。关于如何去培养多一个习惯，不用想太多，就三步：

（1）打造一个新的触发器。

（2）执行一个新动作。

（3）享受奖励。

顺应着大脑的天性，你会不断地投入新习惯中。当你养成了正确的习惯，就可以节省时间和精力。绝大多数情况下，神经可塑性意味着你可以在短短 30 天内完成神经元的连接、建立起新的习惯。

检视自己当前的情绪，有意识地寻找可以培养新习惯的方法。此外，有意识地想办法克服那些对你不利的习惯。

当你寻找“多一个”的机会去培养新习惯，就会发现一条通往幸福生活的清晰路径。

“多一个”的习惯不仅可以改变你的人生，也许最重要的是，习惯也可以救你的命。

健康饮食、经常锻炼、睡眠充足、享受兴趣爱好、在社区做志愿者等这些都是你应该积极追求的习惯。

这一章开始的时候我说：“给我看看你的习惯，我就能看到你的人生。”希望你现在对这句话有了更深的理解。

习惯会带来相应的结果。如果我们在更一致的基础上掌控习惯，就能在更大程度上掌控人生的成果。对于“多一个”的思考者来说，这就是为什么理解习惯背后的科学知识和有意识地采取行动是如此重要，这将积极地改写我们人生的成果。

13

第13章
“多一个”的加乘者

整体大于各部分之和。

——格式塔心理学的一项指导性原则

有些人非常出色，总是能超越手头的任务。你和这样出色的人多久联络一次？这类人能创造超出预期的结果。你也许会感觉到自己归属于某个特别的集体，即使这感觉不能完全说清楚。整体的平均水平因为某种原因发生了神奇的转变。

通常只需要增加一点点变量就可以实现这种转变。转变可以是很微妙的，也可以很显著，大到地动山摇引发海啸的那种加乘效应。

团队化学反应动力学

变化会自然发生。有时候，你去寻求改变。还有的时候，改变会找到你。不要害怕改变。当你接受新的现实时，最令人惊奇的事情就会发生。在实验室研究中，会保持一些控制因素不变，也会引入一些变量来创造不同的结果。

同样的道理也适用于你与他人的互动。你生活的某些部分是常数，而其他部分会发生变化，把你引入新的方向。无论是商业、体育、家庭或其他的人际关系，都是这样的情况。添加或删除变量及人员增减，会改变各类团队的化学反应。

好的团队化学反应会产生加乘效应。而糟糕的团队化学反应会把你的努力付之一炬。好的团队化学反应需要在正确的位置配备正确的人员。

1980 年的冬奥会美国男子冰球队是最好的例子。教练赫布 · 布鲁克斯（Herb Brooks）创造了球队化学反应的新定义，他组建的球队一路过关斩将，并在决赛中击败了夺冠大热门苏联队，并最终赢得了金牌。这场比赛被称为“冰上奇迹”。

这场胜利简直可以说是不可能完成的任务。“我不是在寻找最好的球员。我在寻找合适的球员。”几年后库尔特 · 拉塞尔（Kurt Russell）在电影《奇迹》（*Miracle*）中饰演布鲁克斯，说出了这句令人难忘的台词。

每个人都喜欢和超级巨星在同一个球队打球，但如果天才球员同时带来了破坏，使团队产生了糟糕的化学反应，那么应该在最开始就花时间认真考虑是否要把这个人纳入团队。

要有好的团队化学反应需要每个成员在追求个人目标的同时，信任队友、彼此尊重、对团队忠诚。好的团队化学反应的奥义无非就是分解目标、攻克难关、为胜利高歌欢呼。为了集体利益而合作牺牲意味着为了更大的目标放下小我。众人拾柴火焰高。

《圣经》中提到：有人攻胜孤身一人，若有二人便能抵挡他；三股合成的绳子，不容易折断。了解团队和成员的短板，然后持续打磨这些薄弱环节，也是很关键的工作。致力于长期成功的信念是不可或缺的。光靠天赋撑不了多久。

然而，当优秀的人才与这些因素相结合，随之产生的好的团队化学反应，能创造“多一个”的加乘效应，产生前所未有的最佳效果。

优秀的人相互吸引

简单点说吧，当多一个的乘数发挥作用，那么——

$$1+1=3$$

在职场上或个人关系中，当吸引到合适的人对你原本的状态有所补充和提升时，这种伙伴关系的总和大于每个人单独部分的加总。高成就者和全面发展的人才都深谙此道，所以他们寻找同道中人。优秀的人可以独来独往。确实经常如此。但聪明人懂得，一个人与世隔绝地独自美丽，绝对不会产生最美妙的结果。

当你向优秀的人发起挑战时，会激发出最佳状态。这可能是一股反作用力，也可能是与更大目标一致的力量。婚姻建立在结盟的基础之上。两个人合二为一，那个“一”是一种联合，超过了两个人在婚前状态的总和。

这句话你一定听过很多次：“他让身边的队友变得更好。”“多一个”的加乘者寻求有价值的挑战，也寻找有价值的人推动他们达到更高的水准。迈克尔·乔丹的个人技术出类拔萃。但当他与斯科蒂·皮蓬（Scottie Pippen）联手后，才组成了一代篮坛霸主的核心搭档。

了解了史蒂夫·乔布斯在苹果的成就，你可以说他注定要成就一番事业，但也不能小看他与搭档史蒂夫·沃兹尼亚克（Steve Wozniak）的互补平衡。他们联手革新了个人电脑，并创办了史上最成功的公司之一。

“多一个”的加乘者有时候会以不同的方式出现。许多人认为，在芝加哥公牛队的王朝时代，“多一个”的角色是主教练菲尔·杰克逊（Phil Jackson）。同样地，还有帕特·莱利（Pat Riley），他在洛杉矶湖人队的王朝时代带领球队获得了四次总冠军。

不要低估“多一个”的加乘者成为高效招募者的能力。顶尖人才愿意与其他顶尖人才共事，也愿意接受来自顶尖人才的挑战。他们享受与实力相当的人之间的竞争和惺惺相惜。他们也明白，当高水平的人才联合起来为共同的愿景奋斗时，能产生多么巨大的成果。

他名叫小托马斯·爱德华·帕特里克·布拉迪

小托马斯·爱德华·帕特里克·布拉迪（Thomas Edward Patrick Brady, Jr），他更广为人知的名字是汤姆·布拉迪（Tom Brady）。

关于他的报道铺天盖地，他传奇般的成功故事已经没什么可补充了。我能做的是向你展示，汤姆·布拉迪是如何做到从一支球队的核心人物变成另一支球队的“多一个”的加乘者的。

2020 年，汤姆·布拉迪成为坦帕湾海盗队的“多一个”的加乘者。在布拉迪的带领下，球队从前一年的赛季失利中走出来突飞猛进，拿下 2021 年的超级碗冠军。你可能很难想象，汤姆·布拉迪做任何事都是“多一个”的角色。他是新英格兰爱国者队王朝时代长达 20 个赛季的核心球员，拿下 16 次区冠军和 6 次超级碗冠军。

然而，美式橄榄球也好，人生中其他事情也好，每件事都有一个失效日期。大多数人在这样的高歌猛进之后都会挂靴退役。但汤姆·布拉迪与大多数人不同。在新冠疫情肆虐的背景下，当美国人迫切需要英雄时，汤姆·布拉迪上演了“多一个”的灰姑娘故事。他再次巩固了自己作为史上最伟大球员在美式橄榄球界的地位。

布拉迪与坦帕湾海盗队签下了一份为期两年、价值 5000 万美元的合同，引起一片哗然。2019 年，该队以 7 胜 9 负的战绩收官，令人失望。管理层认为球队的基础不错，所以签下布拉迪有风险但很划算，能为球队的奋斗带来立竿见影的效果。事实证明，他们赚到了。

布拉迪带来了一种勇猛的状态，提升了队友，有些队友打出了他们整个职业生涯中的最好成绩。布拉迪的加盟彻底唤醒了他们对胜利的渴望。布拉迪成了终极版“多一个”的加乘者。

正如他在整个职业生涯中所做的那样，布拉迪也清楚地表明了他对队友的期望。他始终坚信，“你不可能在周三和周四状态平平，周五还行，然后就期待在周日的比赛中大放异彩”。赛场就在那里。就像加乘者经常做的那样，他招募了一大批有天赋的球员，他们都想在汤姆·布拉迪的队伍里效力。

锁定这个重点：“多一个”的加乘者会互相吸引。

签下布拉迪后不久，坦帕湾海盗队又引入莱纳德·福内特（Leonard Fournette）作为跑卫，与爱国者队交换到了罗伯·格隆考斯基（Rob Gronkowski），在赛季末以自由球员身份签下了安东尼奥·布朗（Antonio Brown）。与此同时，球队扭转了局面，在常规赛季取得了 11 胜 5 负的战绩。

布拉迪在职业生涯早期曾说过：“对我来说，美式橄榄球比赛获胜的关键是坚忍不拔的心态，是深入挖掘，是全力以赴尽我所能、克服所有的困难帮助球队获胜。”而这也正是他在 2020 赛季的表现。

你可能不会首先想到这点，但做任何事情都全力以赴是“多一个”的加乘者吸引顶尖人才的能力，而这也正是建立一支冠军队伍的关键所在。为什么说这是布拉迪的例子中非常重要的一点？因为在巴塞罗那足球俱乐部那一场 31 比 9 取胜的超级碗比赛中，除了雷恩·苏克普（Ryan Succop）的一球外，其他每一分都是布拉迪和那些“多一个”的球员们的功劳。

看看布拉迪的成就有多惊人。在美国四大体育项目中，他是第一位 40 岁之后还在两支不同的球队分别赢得冠军的职业运动员。他也成了美国橄榄球大联盟（NFL）历史上第一个在同一个季后赛中击败三位前超级碗“最有价值球员”（MVP）的球员，分别击败了圣徒队的德鲁·布里斯（Drew Brees）、包装工队的亚伦·罗杰斯（Aaron Rodgers）、酋长队的帕特里克·马霍斯（Patrick Mahomes）。

汤姆·布拉迪树立了“多一个”的加乘者的标杆：沉着、聪明、无与伦比的职业道德、对他人毫不妥协的高期望。在整个职业生涯中，他的话被人引用过千百次。而我最中意的一句概括了汤姆·布拉迪的个性和他给球队带来的意义。那句话是当有人问他哪个超级碗戒指是他最喜欢的时候，他的回答。

汤姆简单地说：“下一个。”

吸纳正确的“多一个”的加乘者

尽管佩顿·曼宁（Peyton Mannings）是无可争议的天才，但如果一个球队里有两位曼宁肯定是浪费。曼宁需要同样有天赋的接球员来接住他的传球。假如没有像马文·哈里森（Marvin Harrison）这样技术纯熟的接球手，曼宁也能达成不错的成就，但不会像他们两人的组合这样成为一代传奇。

就哈里森而言，他与曼宁配合的表现毫不逊色。他 8 次打入明星碗，职业生涯接传球超过 14 000 码。他的接球纪录是

1102次，在全部纪录中名列第二，仅次于杰里·赖斯（Jerry Rice）。其中971次接球是曼宁投出的。他们几乎共同拥有每一项关于四分卫与外接手的最佳纪录，包括最高触地得分、最多完成数和最高接球码数。

吸纳正确的“多一个”人物能创造出一种加乘效果。这种协同通常很难说得清楚。两个人或是一队人，当他们怀有同样的标准和目标，常常会异军突起，并且击败那些虽然天赋更好但各行其是的队伍。

与“多一个”的加乘者一起工作

多一个的角色会改变团队的活力水平、互动效果和其他各个层面的结果，在商业、体育等任何类型的团队协作中都如此。当人们认可“多一个”的加乘者给团队带来的领导力时，就会产生涓滴效应[①]。在自己管理的团队中吸纳“多一个”的加乘者，会让你取得更大的成功，前提是要遵循以下这些与加乘者相关的工作法则：

- **在全局层面上培养加乘者**。多一个人士看重明确性，而且往往能在其主要职责之外的领域做出贡献。在全局层面上的培养也会让加乘者自然地成为更好的团队成员，而不是只对自我驱动的个人成就感兴趣。

---

① 涓滴效应（trickle-down effect）指由优先发展起来的群体或地区带动更广大范围的发展。——译者注

- **给加乘者发言机会，让他们积极投入**。加乘者是天生的领导者，虽然从一般规律来看他们通常内向而安静，但他们的成就自然会引人注目。汤姆·彼得斯（Tom Peters）说过："领导者不去制造追随者，而是打造更多的领导者。"当多个成员承担起领导力的责任时，团队中每个人的负担都会减轻。团队成员往往对"多一个"的加乘者很尊重。他们会听从加乘者的意见，相信加乘者过往的成功事迹会持续地产生积极成果。
- **创建自主的架构**。当你允许"多一个"的加乘者尽可能独立做决定时，他们的参与度和生产力都会提高。不要对他们管得太细，要尽可能授权。如果有合适的机会，那么请考虑让你的明星队员指导帮助其他人，这样他们双方都能得到成长。
- **清除障碍，让他们在最擅长的事情上发光**。你是否有员工是超棒的推销员但做报表特别慢、交上来的报告也一塌糊涂？你会把信息技术部的明星员工放在人力资源政策委员的位置上吗？按照一般规律，会计师能成为优秀的营销人才吗？战略性地将你团队中的"多一个"的加乘者安放在他们最快乐和最有生产力的地方。然后放手让他们自己去干。
- **给他们挑战，激发更高层次的竞争**。挑战不一定总是来自团队其他成员。通常情况下，教练会激发"多一个"的球员与他自己竞争。如果去年的打击率是0.300，那么今年要想达到0.325，你需要如何实现呢？如果去年的销售额是 200 万美元，今年你准备怎样达成 250 万美元呢？“多一个”的加乘者在竞争中茁壮成长。只要给他们提供所需的工具，就可以看着他们开足马力了。

- **作为领导者，你需要确保别带入太多的自我**。你必须把团队的需求放在第一位，并制定战略，使加乘者能够最有效地对全局做出贡献。
- **一定要听取反馈**。要能认识到借口和正当事由的区别，识别出是什么拖了后腿阻碍“多一个”的加乘者和整个团队的表现。
- 最重要的是，**学会适时放手与适时引领**。有节制地运用暂停时间、电子邮件和备忘录、销售会议、“我们必须谈谈”之类的严肃讨论，善用适当的沟通方式以达到最佳效果。

与“多一个”的加乘者的力量联合是一个具有挑战性的命题，令人兴奋。一旦你选择加入，就不能躲起来偷懒。加乘者可不能容忍这个。

你需要拿出自己最好的状态。而且，我担保你的努力一定是值得的。

14

第14章
多一点不便

评价一个人的终极标准不是看他得意轻松时的为人，而要看他应对挑战和争议时的姿态。

——马丁·路德·金

关于世界是如何运转的，这里有一个简单而诱人的事实——方便和优秀不可兼得。这是两种截然相反的力量。生活中许多你想要的好事从开头到结尾都不会是方便的，如果能接受这一点，你就正走在成为“多一个”的思考者的道路上。

忍受不便是给你的挑战，你必须克服这个挑战才有机会堪当大任。任何事情都可能让你觉得不便，从早上5点起床，到读研时早上7点与教授开会，或是每周长跑75英里（约120千米）为第一次马拉松做准备，就算脚上起了水泡火辣辣地疼也要坚持。也许是在生孩子之前可能要经历四个月的晨吐，或是为了成为公司里的销售冠军而每周工作 60 个小时。

为忍受不便付出代价并不能保证你一定会成功。但是，如果你不愿让自己忍受一丁点不便，不愿直面眼前的困难，就没有机会实现自己的人生目标。

把拥抱不便作为一种生活方式

想想你这辈子有幸拥有过的最棒的东西，很有可能在开始的时候也是一种不便。你曾赢得过冠军、增肌 25 磅同时体脂降低 50%、升职加薪，等等。为此你牺牲了一部分生活。即使是心甘情愿的，这些牺牲也多少伴随着一些不便。

然而，在所有这些喜人成绩的另一面，是你生命中最特别的记忆、事件、关系和财富。这就是为什么，尽管看起来有点反常，但如果你想要活得充实幸福，就必须接受把忍受不便作为一种生活方式。

我来提个问题：如果有一个每天或每周的“待办事项”清单，你会如何搞定这个清单？

为了让自己觉得正在完成某件事，我们常常会先做容易的事。这是因为，很多人通常会推荐先做容易的部分，有时甚至会大力倡导。他们想倡导就倡导吧。但倡导先做容易的事只会鼓励人们变得平凡普通。

如果从最有难度最不方便的事情入手来启动火力全开的一天，会怎么样呢？不是“要事第一”，也不是“先做最担心的事”，而是从最有难度最不方便的事情开始。做有难度的事可以塑造品格，令你与其他人拉开差距。当你做有难度、有挑战和不方便的事情时，很快会意识到你最大、最好、最惊人的梦想就在山的另一边，正是你必须攀登的那些最高的山峰。

硬着头皮逼着自己去做不方便的事情，也不是正确的心态。你需要享受其中。我担保，最终你会成为一个更快乐的人。完成那些不方便的任务会带给人自尊和满足。

然而，我们大多数人并没有欣然接受生活中的不便，而是回避它。很遗憾，由此伴随的结果是，我们不曾充分实现自己的潜能、没能真正做到最好的自己。

不便与争议的关系

当你决定做一些伟大的事情，要做好心理准备。你会引起争议，争议会带来不便，而不便会让人懊恼。

随遇而安、躺平放松则意味着你永远不会承受压力，不会不舒服。你将永远不会遇到不方便的事，但同时也永远不会做出什么伟大的事。

如果你大小是个领导者，无论是首席执行官、球队队长，哪怕只是一个小组长，都必须给你的下属一些挑战，让他们做些不舒服和不方便的事情。这是让他们变优秀的唯一途径。作为领导者，这是你的职责。

优秀的领导者往往是优秀的导师。你辅导的方式是让人们成为“多一个”的思考者，并且去做那些虽然不方便但能创造个人与职业成长的事情。你必须在公司、团队或家庭中创造一种文化，去做未知的、要求高的、不方便的事情。如果你在这方面下点功夫，会形成令人惊叹的集体成效。

现在，把这些短期成效应用到更大的时间维度上。当你把一个月、一年或十年做的不方便的事情积累起来时，想想这其中有多大的可能性！当你能够日积月累地把做不方便的事情变成生活习惯，你能想象出人生会有多精彩吗？

忍受不便与追求卓越之间的关系

如果你贪图便利，心中最大的梦想永远不会成真。便利生活与身体健康不可兼得。理想的人际关系从来不会从便利中诞生。倘若你想变得富有，账户余额的增长之路可是具有相当大的挑战，不可能方便。当你过着便利的生活时，就是与活出伟大的人生背道而驰。如果任何事物特别轻易地来到你身边，你可能会乐享其成，但不会像对待其他那些努力争取来的东西一样感到有滋有味。

头脑并非生来只是寻求舒适和便利。对许多人来说，当我们认为已经实现了某个生活目标时，会本能地松一口气。我们经常对自己说只想要最好的结果，甚至试图设计出某种生活方式，看起来是指向更高的层次。然而在现实中，我们却常常制定流程去避免不便和冲突。这样做就是在引导自己走向一种重复的生活。

为了进一步证明自己的努力很合理，我们甚至还请别人来确认前进的方向没问题。请来的人通常会与我们合谋，自欺欺人。如果这段话戳中了你，别太自责。很多人都会遇到这样的情况，很常见。我们也会拿自己和别人做比较，却不去凭借自己的价值观和能力做判断。效仿他人是一种方便的行为。当我们成为自己生活的带领者时，就不会模仿任何人。要认识到，人生旅程是我们自己的。把他人当作灵感和知识的来源当然可以，其实也是必要的。

然而，你必须有足够的觉察，知道在哪里划清界限。你必须弄清楚如何筛选正确的信息，并充分利用信息。这并不是说你不应该让生活更便利。但是，必须理解生活上的便利在你实现最高目标和设定最高标准过程中所扮演的角色。这需要你与以往追求便利的习惯做斗争，将其替换为以结果为中心的新习惯。认真思考才能达到这样的效果。你认真思考了价值观、思考如何应用与价值观一致的标准，并做出了成果，推动你走向一种更加精彩更忠于自我的人生。

畅销书作家村上春树说得最好，他说："职业这东西应该是爱的行为，而不像是权宜性的婚姻。"如果你的兴趣仅仅是让生活更轻松，那么人生能取得的成就也不会太多，远远比不上那些为了目标全力以赴、立志追求卓越的人。

为什么生活中需要忍受不便

如果你正在经历一些挑战，这可能是个标志，表明你正在做的事情有点特别。很可能是独一无二的、甚至是一生只有一次的际遇。要明白，不便和问题之间有显著的区别。

对此，《所有我真正需要了解的东西都是在幼儿园学到的》一文的作者、畅销书作家罗伯特·富尔亨（Robert Fulghum）这样解释道："生活是坎坷不平的。而燕麦粥里的结块、喉咙里的结块与乳房里的结块，都不是同一个结块。应该学习这其中的区别。"

学会识别问题和不便之间的区别。一旦你能分辨出来，接下来我们就说说为什么你需要忍受不便。去问问任何一个千万富翁，变有钱是件方便的事情吗？那些富翁可能很享受这个挑战，但他们也会告诉你，这是一生中最不方便的旅程之一。

当周五晚上其他人去聚会玩乐而只有你一个人留在办公室……

当你眼看着就要血本无归了，即使你已经拼尽全力、对每一个愿意听你说话的人努力推销你的梦想……

当繁重艰巨的工作任务令你厌倦，不想再拼命苦苦寻找新客户和新前景……

如果你认为以上这些都没什么，那么，你就是还没经历过赚大钱必需的奋斗和挑战。这么多年来，这些我都经历过。

还有一些事情也与此有关：如果询问某人减掉 50 磅、75 磅（约 34 千克）、100 磅或更多的体重有多么方便，你认为会得到什么反应？那么多人陷于肥胖是有原因的。我们都知道肥胖是不舒服的。但对许多人来说，减肥是一个令人更不舒服的挑战，尽管好处显而易见。你是否认为浑身肌肉酸痛的日子还要起床去健身很不方便？因为你以前从来没有像那样锻炼过。

不如提前准备好要吃的东西，或者抑制住对不健康美食的渴望，怎么样？快餐成瘾问题并不是总能得到应有的关注，但我们当中很多人在面对一个特大号汉堡时毫无抵抗力，因为它是如此快捷、方便、滋味诱人。即使是一天喝够 8 杯水这样简单的小事，在你对苏打水欲罢不能的时候，也显得格外不方便一些。

重点在于：忍受不便是一种挑战。

忍受不便并不容易。但从长远来看，方便易得的东西要逊色很多。

还有一件事。

便利的东西不长久。如果不付出努力，你所得到的迟早会消失，甚至可能会被直接夺走。死气沉沉、迟钝笨拙的行为可能导致你搞砸手里的水晶球。或许命运只是简单地说一句“够了”，然后宇宙的力量会让你置身于完全不同的处境中——大概率只会比原来更糟糕。

“多一个”的思考者做有难度和不方便的事情，因为他们明白做这些事情的意义。他们带着紧迫感全力攻下不方便的事情。当你意识到人活过的每一刻都会永远消失，人生就变得更有意义了。往日不可追。浪费时间是你能对自己犯下的最大罪行之一。

寻求不便的关系

你不可能孤身行走世界。在一段关系中你追求的是什么？是信任、尊重、同理心还是真诚？良好的人际关系建立在许多基础支柱之上。但我敢打赌你从没想过，不便也是人际关系的支柱。事实上，建立在便利之上的友谊和爱情不算高质量的关系。最好的感情不是只在他方便的时候出现在你身边，最重要的是即使不方便也能陪着你。

当你遇到麻烦的时候……

当你需要帮助的时候……

和你亲近的人会团结在你周围，愿意做出一定的牺牲，即使这对他们来说是不方便的。你可能需要钱，也可能需要一个可以依靠的肩膀；可能你的车坏了，需要搭车一个星期上下班；也可以简单到只是需要一个很好的倾听者。分清这两者的区别：有的人在他有空的时候会花点时间和你聊几句，而有的人专门腾出时间来和你交谈。

看到区别了吗？

随着时间推移，方便的关系会在许多方面暴露出问题。但即使是在对方最不方便的时候，我们只要发出信号就能得到回应，这才是最重要的。好朋友和爱人会说一些刺耳的真话，他们不是想伤害你，而是为了帮助你。别生气，你该心怀感激。对真话要像对待金子一样珍惜，即使它会刺痛你。

当某件事没有直接影响到自己的时候，做出牺牲会让你感到不便。但这也是你在生活中想要拥有的那种朋友的标志。牺牲超越了方便。为他人雨中撑伞雪中送炭，能建立起终生延续的情义。这个道理同样适用于你与心中神灵的关系。建立在方便基础上的信仰不过是一种空洞的信仰。除非你在不方便的时候寻求神的帮助，否则你永远不会享受到与神之间亲密和灵性的关系。能经受住漫长岁月中的生活磨砺，能克服双方互相帮忙带来的麻烦，这样的情感关系才值得追求。

你想要方便吗？那么最好是去快餐店点一个超大号汉堡。乐意接受经过不便考验之后的关系，这样的人才是你在生活中乐于相见的。这直接反映了他们的品格和对你的尊重程度。

引入适当的不便

问问你自己：

- 我想过什么样的生活？
- 谁是我想此生相伴的人？
- 怎样才算是达到了我的目标？有什么标准？

你能通过轻松便利的生活就得到想要的答案吗？我劝你省去费心思考的环节。答案是加粗加宽的——

不可能！

当你心中有了那些问题对应的答案，就会越来越明白自己在生活中能容忍多少不便，以及什么样的不便。怎么知道你的答案是否正确呢？

很简单。

世界上最优秀、最能干的人追求不方便的事情，并以泰然处之的气质沉着应对。沉住气是关键。当你能做到精神上的平静、沉着和掌控，尤其在困难的情况下还能如此，你会知道自己在做正确的事情。

做出了多少承诺，直接决定了你要承受多少不便。正如传奇的励志演说家肯·布兰查德（Ken Blanchard）所说："兴趣和承诺是有区别的。当你对做某事感兴趣时，只会在方便的时候去做。倘若承诺了做某件事，你就会只接受结果，不接受借口。"

当你只接受结果时，就是在练习一种沉着的方式。因为你只接受一种结果，所以任何分心和不达标的表现都被排除在外。你冷静又沉着，因为前方的路很清晰。

当你做不方便的事情时，保持平心静气很关键。不然的话，你会逐渐筋疲力尽。除非你用正确的心态对待生活，否则不方便的努力无法持续，你也很难上升到更高的层次。然而，虽然平静的心态很重要，但平静过了头也可能变坏事。

有的人真的很淡定，太过平静了。他们体内有用不完的冷静。可是，他们从不尝试任何有难度的事，这会形成一种虚假的平静。要想成功，你必须把不便与平静结合起来。要从思想上平静地控制情绪，而在行动上则要做不方便的事情。

不容易的。这些年来我一直在努力克服这个困难。我很擅长做有难度的事情，但并不能总是保持心平气和。我取得了成功，但随之而来的是更多的混乱和超常的压力。不是我一个人为此烦恼。许多超级成功人士每天都在挑战不方便的事情。可是他们不快乐。

我要对他们说，**如果不能心平气和地享受上天赐予你的美好，就不算是过上了最好的生活**。

不便是必不可少的，但必须确保用正确的方法去做，才能在生活中达到最佳效果。

15

第 15 章
多一个与定义领导力

想提升自己，就去助力他人。

——布克·华盛顿[①]

领导力是个古老的概念，与人类文明的历史同样悠久，我不相信有其他个人发展的主题比领导力相关的研究和论述还多。

那么，成为“多一个”的领导者意味着什么呢？

如果人们本来无法完成的事情在你的帮助下完成了，那么根据我的定义，你就是“多一个”的领导者。如果你作为团队带领者却做不到如此，就没必要做领导者了。

---

① 布克·华盛顿（Booker T. Washington），美国政治家、教育家、作家，美国历史上的一位重要黑人人物。

不管有没有意识到，你其实已经是个领导者了。最起码，你领导你自己。你也可以在实践宗教教义和做其他事情的过程中领导你的家庭、员工、队友。

根据我们的目标，下一个问题就来了："我如何使用'多一个'的概念来更好地领导他人？"

有些人认为领导者都是天生的。也许是的，但我坚信具有领导力是一种后天习得的特质。只要决心为之努力，每个人都有潜力成为一个有效的领导者。

要做到这一点，首先要仔细看看领导力的要素是什么。

领导力的要素

我有幸在家庭、球队、多个企业及生活中其他多个领域担任领导者。

接下来我要分享的是通用的领导力要素，无论你是运动员、教练、父母还是商业领袖都适用，它们超越了身份和人生阶段。这些要素包括：

- 推销一个远大梦想；
- 每个人都有与生俱来的独特天赋；
- 驱动我们的六种基本需求。

推销一个远大梦想

作为一名领导者，你要推销一个远大的梦想，这是至关重要的。让我来详细说明这个非常强大的重点。

你需要推销一个足够大的梦想，大到装得下你麾下每个人的梦想。

例如，克莱姆森橄榄球队的教练达博·斯威尼（Dabo Sweeney），可能会推销这样的想法，这个梦想不仅能装得下所有人，而且还可能创造历史——一个将被后人世代铭记的梦想。这可能意味着保持不败战绩、入选橄榄球大联盟的球员人数创出新高，或者是打造了其他优秀表现的新标志、开创了前所未有的成绩。

让大家感觉到在参与有历史意义的事情，是建立团队文化的关键一步。这种文化意味着每一名球员、每一个与球队相关的人，都参与到一个更大的梦想中。

一个凭他们自己无法想象的大梦想。

另一个关键要素是，在一起工作时要帮助团队理解这一点：通过创造历史，他们也在改变自己的生活和许多其他人的生活。

格局打开吧！

勇敢挑战自己，创造历史。

谈论更大的愿景吧！

让人们相信，伟大的梦想会改天换地。

撸起袖子加油干吧！

投身于推销梦想的艰苦工作中，让团队看到你在努力。

抓到关键点了吗?

领导力就是在小事上尽善尽美，同时还要一再思考和谈论大事。你的头号任务是推销一个伟大的梦想，而且可能比你当前想到的还要大。必须要装下所有人的梦想！

作为一家之主，你推销的梦想必须足够大，这样配偶和孩子才能看见自己包含在你的梦想中。如果你带领一个教会，那么你的梦想必须足够大，大到可以容纳会众所有成员的梦想和愿望。企业领导者的梦想必须足够大，让每位员工都能在这个梦想中看到自己。如果你在经营一家大型制造企业，你推销的梦想需要足够大，因为首先要满足公司里每一位员工的梦想，然后你才能满足客户的需求。

当今世界上已经鲜少有领导者在推销足够大的梦想。任何一位伟大的领导者，都会推销伟大的梦想，那个梦想能够紧紧抓住团队中每个人的心灵、欲望和情感。

作为一个家庭或企业的领导者，你推销的梦想中应当包含你的价值观和愿景。梦想是你所支持的事、对未来的憧憬，以及你将在这个世界上做出的改变。

为什么这一点如此重要?

领导者，你身处的位置与他人不同。所谓领导者，顾名思义，你是领先在团队之前的。与身后的团队相比，你拥有不一样的视角。你的职责是告诉团队你看到了什么。

告诉他们前景有多美妙，并一遍遍地不断重复。有效地传达、并强化愿景是领导者的义务，因为你在这个位置上。团队成员在他们自己的位置，无法获得和你相同的视野。所以，你必须让他们透过你的视角看到未来。

这里还有一个关键点。

你的团队成员没必要一定要相信你说的话！

是不是很疯狂?

他们唯一需要相信的是，你对自己说的话深信不疑。

有太多领导者总是力求让大家相信他所说的话，却给人留下了绝望和软弱的印象。伟大的领导者只需要让别人相信，他们对自己所说的深信不疑。

每个人都有与生俱来的独特天赋

每个人身上都有个人才能和禀赋。我称之为独特的天赋。

有些是与生俱来的，有些需要后天培养。作为领导者，如果你能识别出人们身上的独特天赋，就能以一种其他人无法企及的方式带领团队。能做到这一点，你就显示出了作为领导者的能力。

人的天赋可以是幽默、智慧、坚韧、信仰或善良。你带领的团队成员可能具有意志坚强、诚实守信、雄心壮志、富有创造力、慷慨、忠诚等优秀的品质。天赋的种类无限多。识别天赋并将其与你所推销的梦想联系起来的能力，在你努力领导团队的过程中会起到关键作用。

我还发现，对绝大多数人来说，从来没有人指出过他们身上那些独特的天赋。通常人们对自己的独特天赋有一种与生俱来的感觉，但很多时候天赋没有得到充分开发，因为缺乏一种合力去促进天赋的施展。大多数人一生中从未遇到过真正的领导者，也因此，他们从来没能打通自己的天赋、发挥出真正的潜力。

要发挥一个人的潜力，就要识别出他们身上的天赋，然后将这些天赋应用到激发他们内心热情的事业中。这是你作为领导者的职责。

通过验证这些独特的天赋，一个人曾经对自己的怀疑如今变成了真实存在。他们充满信心，更好地理解了自己在整个大局中的位置，变得更强大了。因此，他们会为那个梦想创造更多的价值，去完成更多以往只靠自己想都不敢想的事情。

驱动我们的六种基本需求

我的朋友托尼·罗宾斯[①]说过一句引人思索的话："你越了解别人想要什么、需要什么、害怕什么，就越能找出创造价值的方式。"

许多人都赞同（包括我的朋友托尼）人类有六种基本需求的观点。这六种基本需求是：

- 确定性
- 不确定性与多样性
- 价值感
- 爱与联结
- 成长
- 贡献

通常，在寻找个人幸福的情况下会讨论到这些需求。但我

---

① 托尼·罗宾斯（Tony Robbins），美国励志演讲家、畅销书作家。

想将其放在“如何用好这六种基本需求以提升领导力”的背景下进行讨论。同时，你的目标是想明白如何满足团队成员的这些需求。

无论何时，每个人都希望六种基本需求全部能得到满足，这是理想的情况。现实生活中，大多数人倾向于一段时间内关注对自己最重要的两三项需求。

让我们仔细看看这里的每一个需求。

- **确定性**。追求生活确定性的人，需要你保证提供稳定的环境。他们重视安全稳妥和按部就班的常规。他们害怕改变，常常把改变等同于某种不舒服的、令人畏惧的痛苦经历。

  假设你要领导的人员主要需求是确定性。在这种情况下，你和他们交流的方式要有所不同，要有别于与那些更看重其他基本需求（比如价值感）的人的交流方式。

  想象一下，你能塑造一个伟大的梦想，还能识别这个人的天赋，然后确定他的首要基本需求是什么。当这个人重视确定性而你恰恰给了他确定性，能想象出他的工作效率和幸福感会有多高吗？
- **不确定性与多样性**。那些在不确定性和变化中茁壮成长的人会为未知和变化感到兴奋。他们害怕陷入一成不变的生活，不想每天都做同样的事情。他们想要令人振奋的、没接触过的新任务，多多益善。

  在领导这类人的时候，你需要推销梦想、识别这些人的天赋，然后把他们放在合适的岗位上，给到他们想要的多样性。

- **价值感**。当人们寻求价值感时，他们想知道自己的努力是有价值的、重要的。他们希望得到认可，而且对他们来说认可往往比金钱更重要。他们喜欢聚光灯。如果知道自己的努力会得到高调的回报，他们一定会发奋工作。要领导这类追求价值感的人，你需要不失时机、不遗余力地给予他们大量的认可。

  例如，球队教练有责任打造团队文化，提高球员的价值感。家长有责任在养育的过程中确保孩子重视自我价值感和自我认可。假设你是一名商业领袖，而你的组织中有员工是争强好胜、结果导向的。在这种情况下，你要建立起一个框架，将这些人的天赋与他们获得认可的基本需求联系起来。

- **爱与联结**。爱是所有情感中最强烈的。每个人都有一种普遍的需求，那就是与一个人或一项事业建立联系和亲近感。历史上最伟大的诗歌和音乐都是关于爱的。战争也是出于对国家的爱。如果你对爱的力量和普遍性心存怀疑，只要看看身边那些父母对孩子的爱就明白了。

  被爱与联结驱动的人希望归属于一项伟大的事业，超越小我。无论你是做生意、执教球队还是以任何形式领导着一群被爱驱动的成员，你需要沟通传递的信息是：他们是这个大家庭的一分子。

  你需要让这些人感觉到被接纳、被关心、被爱护。要让他们经常感受到这一点。

想象一下，你领导着一些被爱驱动的人，却向他们传递关于价值感或多样性的信息。这些信息不是错的，但用错了对象。

另外，不要根据你自己的需求来发送信息。这适用于所有的情况。举例来说，如果你有团队成员格外重视被爱，那么即使你重视的是确定性或价值感，也不应该发出此类信息。

作为领导者，你发出的信息需要针对团队人员的需求来定制。

- **成长**。有的人高度重视发展自己的思想、技能和经验。你需要满足这种需求，把挑战摆在这些人面前，让他们感觉到正在成长为组织的一部分。这会让他们充满活力。当你要求他们去解决的问题越来越重要和复杂时，他们会兴奋不已。

  如果你是一个教练，就需要让球员知道他们的技术正在提高。作为企业领导者，当你麾下有看重成长的人才，那么你需要让他们知道自己正在成长，并且这份成长要归功于他们为实现梦想而付出的所有努力，以及你为团队创造的愿景。

- **贡献**。还有一些人的驱动力是贡献的需要。有些人认为，通过自己的服务或专业知识帮助别人、支持一个奋斗目标时，他们的状态最好。这类人不会受价值感或认可驱使，也不怎么关心这样那样的确定性和不确定性。

为了获得价值感和满足感，这类人需要知道自己正在做出贡献，并有所作为。你需要定期传递这一类信息。

基本需求会随时间而变化

一名优秀的领导者也要明白，每个人的需求可以随着时间推移而发生变化。在我年轻的时候，要想充分调动我的积极性，你得把竞争、认可和成长与需要我做的事情联系起来。

我在步入社会之后得到了很多价值感和认可，有幸收到了很多确定性、多样性和爱。然而，随着时间的推移，我的需求也在进化。如果你来领导现在的我，你需要把我与当前的主要需求——“贡献”——联系起来。

15 年前可不是这样。如果想请我做演讲，知道怎么能劝我上钩吗？你得告诉我说，有成千上万的人喜欢我，为我鼓掌欢呼、摇旗呐喊。结束之后，一定要对我说这场演讲超级精彩，因为那时的我最在意价值感和认可。

现在，如果你试图用这些理由来说服我出场演讲，基本没效果，我大概率会拒绝你。但是，如果你联系我说，我的演讲将使听众的生活产生巨大变化、会改变你公司的发展方向、会带来巨大的贡献，那我一定上钩。

你看出这里的区别了吗？在不同的时间不同的信息会如何影响我的行动。

我现在最主要的基本需求是贡献。这也是我写这本书的原因。

写这本书不是为了有几百万人会因此认可我的工作，虽然这也是很好的事情。写这本书是因为，我认为它将帮助数百万人改变人生。我想通过帮助人们满足最重要的基本需求，助他们一臂之力。通过做这件事，我也满足了自己最重要的基本需求。

要成为一位伟大的领导者，你务必少把目光放在自己身上，要多看看你的团队。他们才是应你的要求为你的使命产出成果的人。当团队成员因为自身需求得到满足而高效产出，那么你的需求自然也得到了满足。团队中的每个人都受益。

无论你是父母、运动队教练、小企业主还是《财富》500强公司的首席执行官，这个道理都适用。

通过行动示范确立你的领导力

希望你记住这句话——生活中大多数事情都靠自己悟，别人教不来。

相较于教别人做事，其实大多数人通过观察你生活中的行动能学到更多。

领导一个团队，不可避免地要对你自己提出更高的要求。

如果你要求别人做的事情与你对自己的要求不一致，团队成员很快就会意识到这一点，那你可是搬起石头砸了自己的脚。

领导力的榜样起步于向团队持续强化远大的梦想，并确保每个人都知道他们是那个梦想的一部分。此外，还需花点时间弄清楚每个成员具备哪些独特的天赋，用行动体现出你愿意保证大家的基本需求都得到满足。

更具体地说，要总是做到“多一个”。比办公室其他人早到多一个小时，比其他人做到多一次业务接洽、为演讲和会议做多一个层次的准备。

记住：所有的目光都聚焦在你身上。

做一个坏榜样注定会让你失败，梦想落空。如果你在成为高效领导者的道路上遇到了困难，应该先在自己身上寻求改进。如果你不能首先对自己高标准严要求，就别指望其他人有优秀的表现。

既然已经定义了什么是领导力，接下来让我们来看看如何将其付诸行动。

16

第 16 章 多一个与我的 11 项领导力原则

对一个组织的考验与顶尖天才无关，而是要看组织是否有能力让普通人取得非凡的成就。

——彼得·德鲁克

我已经定义了领导力的要素，以及成为“多一个”的领导者需要做什么。我遵循了若干关键的领导力原则，将这些要素付诸实践。多年来，践行这些原则令我收获颇丰。你也可以将这些原则融入自己的领导风格中，并从中获益。

请牢记，领导力是一门需要终身学习的功课，所以这里入选的原则也是动态变化的。我会继续成长，因此也会不定期对此做出增减。

以下是我当前正在践行的 11 项领导力原则。

为梦想传道

根据《韦氏词典》的解释，“传道者”的一个意思是指以极大的热情谈论某事的人。

最好的领导者会吸纳别人加入自己的事业。他们是自己梦想的传道者。

就像牧羊人引导羊群一样，一个伟大的领袖关心的是以真情、传承和服务的形式传道布施。我有幸结识史蒂夫·沃兹尼亚克，他是苹果公司的创始人之一。出于好奇，我问他，乔布斯的天赋是什么？是什么让他变得伟大？原以为我会听到的答案是，他很勤奋、坚忍不拔或者聪明绝顶之类的。

但沃兹尼亚克没对我说这些。

他告诉我，史蒂夫·乔布斯在推销梦想方面有着惊人的能力。他是苹果事业的传道者，感染了整个公司上上下下。

传道是将你推销的梦想传递给整个团队，这样你就可以向整个世界发送有感染力的能量。

以真情带领团队，会加强你与员工、客户、家庭成员之间的纽带。

传承意味着，作为领导者你可以有效地把理念传递给下属。

领导力中的服务是指满足下属的基本需求。这意味着在公司里对出色完成工作的员工给予认可，在家庭中常常向家人表达爱意。

倾听和观察

你必须看向你所领导的环境和人，否则就不可能成为优秀的领导者。这种倾听和观察的能力可以帮助你识别身边人的天赋和才能。

倾听和观察不能以一种空泛潦草的方式装样子。你必须用心，关注到最微小的细节。永远不要认为掌握这些细节是履行义务，应当将其视为投资。

作为一个领导者，如果你不能花足够多的时间慢下来，多花几分钟了解团队人员的详细情况，就是把一大堆有待开发的机会和潜能搁置浪费了。看一个人的简历或者看面试表现是一回事，用超越正式测评的眼光充分了解一个人的独特天赋就是另一回事了。

如果你是一支橄榄球队的主教练，工作的重要内容之一就是查看球员的数据，关注他们在球场上的成绩。然而，你也需要全面了解他们在球场外是什么样的人。他们是否能成为球队中的积极力量带动其他的球员？在每一次训练中都全力以赴了吗？是否会加练到很晚、努力提高薄弱环节？

关于你想要招揽什么样的人才以及你会如何领导团队，行动才是最有力的证明。

明智的领导者扶持新人

明智的领导者不会独揽大权。相反，他们会想方设法培养和发展其他领导者。

领导者的首要职责是扶持新人。

有些领导者害怕培养身边其他的领导者。他们感受到了威胁，宁可把权力紧紧抓在自己手中。他们没有意识到，扶持新人就是减轻自己的负担、建立忠诚度，还能使整个团队更强大。

设想一下，一个家长教十几岁的孩子开车。当孩子拿到驾照的时候，就是在个人成长方面迈出了一大步。孩子现在有了更多的自由、更多的选择，可以帮全家人去杂货店跑腿，也可以带弟弟妹妹练习或者玩耍。由此，这个孩子在接受更大的挑战时会更加快乐、独立和自信。家庭动力得以重塑，家长们现在可以自由地收回自己的时间去做些其他事情——更有用更愉快的事情。

这个道理同样适用于职场。事实上，员工经常提到一个关键的工作满意度指标，就是有机会在公司内部获得晋升，实现个人职业道路的发展。当有才华的员工感觉自己停滞不前，或者没机会在公司中扮演更积极的领导角色时，往往就会辞职去寻找更好的工作。

球队里也是一样的。我们看到任何一支伟大的球队中，都有伟大的球员及伟大的教练作为领导者。想想勒布朗·詹姆斯或迈克尔·乔丹做球员时赢得了多少冠军吧。教练对他们的成功当然很重要，但他们以球员为主导的领导力才是决定能否赢得冠军的关键所在。

爱、信任、关心及指点迷津

今天我所运用的领导力原则中，有许多是从一群 8~10 岁的男孩身上学到的。

大学毕业后不久，我有幸在麦金利男孩之家担任青少年辅导员。那时的我不曾想过，从第一次走进 8 号小屋开始，我的整个世界都改变了。

那时，麦金利是一所照料孤儿和受猥亵男童的男孩之家，入住的孩子有的父母被监禁、有的由于其他各种原因没有大人照顾。从第一天起，我就发现自己的处境是——所有的孩子都希望我爱他、信任他、关心他、为他指点迷津。坦白说，当时我觉得自己不够资格。

像那时的我一样，也许你们中的很多人都觉得自己目前还达不到担任领导者的资格。当你有这样的感觉时，请参考我经常提及的这个想法："神不呼召合格的人，他是使被呼召的人合格。"在麦金利，虽然当时的我觉得自己不够资格，但我确实明白是受到了神的呼召。

从那时起，我学到了一个人生秘密，那就是任何人在任何年龄都有和那些男孩同样的追求。如果你是公司高管，当一位 35 岁的管理层员工走进你的办公室，他（她）最希望从你这里得到的是来自领导的爱、关心和信任，并为他（她）指点迷津。

想成为优秀的领导者，你的成功与这些事情有直接关系。当你可以对此融会贯通、灵活运用时，就能给人们带来你独有的感召力。

很多时候，我们会错过这样创造改变的机会。在麦金利的经历教会了我，作为领导者，你可以在任何时候任何地方都有所作为。即使是最微小的鼓励和善意，也会给周围人的生活带来显著变化。

这就是领导力的终极定义。

重复，重复，再重复

领导力不是对老人说新词，而是对新人说老话。

太多时候，作为领导者，我们绞尽脑汁想对团队说点新东西。其实原因是你厌倦了听自己一遍又一遍说同样的话，我称之为“领导力疲劳症”。正确的做法是，你需要克服这种疲劳，因为正是你能够对同样的内容反复强调，才营造出了组织的文化。伟大的领导者愿意一遍又一遍地重复自己的话。

你必须不断强化对外的信息，向别人推销你的梦想，这样他们才能充分理解你作为领导者的使命。这也能强化许多人对确定性的基本需求。你释放的信息必须简明，让每个人都能听明白。把不断重复关键信息的过程当作一段长征吧。

成功的创业者都有这样的共同点。当你见到他们时，已经很清楚他们在忙些什么。他们早已声名远播。用这样的方法，他们成功建立起品牌形象。通过持续反复的强调，他们在与我们见面之前就预先营造了关于他们是谁、代表什么的积极印象，并且用了好记易懂的方式。

任何情况下，所有宣传渠道都应当在信息强化的过程中保持一致。作为商人，你的营销推广、社交媒体、销售资料、电子邮件及其他每一次对外展示都应当在强化你的使命。如果想破坏努力的成果，就把混乱和矛盾的信息放出去，保证效果很好。

有效的养育也需要重复。一定要持续地向孩子表达你的价值观、信念和期望。不要以为只说一次，孩子就会接受并牢记。

作为一个领导者，要追求的效果是，团队中每一个人都能把你平时强调的信息有感染力地讲出来、讲给你听。这就把跟随你的团队变成了你追逐梦想过程中最重要的资产。

慷慨地给予认可

不懈寻找给予认可的好方法。

建立一个优秀组织的基础是，鼓励竞争和认可成绩。所有优秀的组织都有竞争氛围，营造求胜的文化，认可成就。给予认可非常重要。

认可那些“多一个”的思考者和实干家，是优秀领导力的体现。相反，如果没打造出重视竞争和认可的环境，那么会在职场、家庭或体育比赛中错失充分发挥潜能的机会。

高效能领导者善于赞许和认可他人。这一领导力原则做起来不难，但也经常被忽视。这可太不应该了。记住，这是人类的基本需求，人们依靠认可来获得价值感。

我发现，虽然人们常常把认可等同于价值感，但他们真正想要的其实是爱。毕竟，在很多人的心目中，认可是爱的一种表现形式。

当我们小时候考试拿了A或是在棒球比赛中打出了一记本垒打，还记得那时父母对我们努力的认可吗？我们需要父母的认可，是期盼确认父母的爱的一种方式。

长大以后，我们也从未丢失这项人类的基本需求。它已经镌刻在我们的基因中。这就是为什么你遇到的每个人都希望被爱、被关心、被信任，并且得到你的指点。

作为领导者，人们仰视着你。你说的话很重要。你的言辞会被夸大，对你来说可能是一条随意的小评论，在你的团队成员看来可能大有深意。

要时刻想办法鼓舞人心。公开和私下场合都要想办法表扬人。在同辈面前称赞一个人具有令人难以置信的力量。还有一种令人难以置信但略有不同的力量来自一对一地单独表达认可，真诚地说一句“感谢”。

作为领导者，**你的认可方式要富有创意**。不一定所有的认可都要单纯依据绩效表现给予。有时可以根据对核心原则的执行程度进行认可。有些小事也值得认可，比如坚持一年每天都提早到岗或是全年全勤。

奖品、奖牌及各种口头感谢或书面致谢都是非常有效的认可方式。我喜欢给公司员工的孩子写信，让他们知道自己的父母有多么了不起。这种认可方式几乎没有别人在用。

我一直在努力寻找独特创新的方式给予团队认可。打造这种文化很重要。记住，价值感是六个基本需求之一（见第15章），而价值感的一个关键要素是认可。还有一个基本需求是爱，当你给予人们认可时，对他们来说这就是一定形式的爱的延伸。

为着事业、征途与使命

伟大的组织都是受事业和使命驱动的。他们心无旁骛、全力以赴地聚焦于最关键的挑战。

作为领导者，创造一个使命并说服人们接受这个使命，是满足人类基本需求的一种形式。这里满足的是贡献的需求。要求人们团结在一个超越了小我的伟大事业周围。

使命有两个组成部分：

（1）**我们支持什么？**你必须定义自己的信仰，然后激励人们围绕对这个信仰的追求团结起来。我们的使命宣言和核心价值观是什么？ 我们信仰的要素是什么？信仰如何帮助我们创造一个伟大的未来？

（2）**我们反对什么？**每个使命都有敌人，需要有你反对的东西。如果你领导了一家食品银行，那么你就是在反对饥饿。如果你开了一家健身房，那么你的敌人可能是肥胖。

把反对想象成像红袜队与洋基队或者湖人队与凯尔特人队之间的一种体育对抗。显然，如果你支持某一支球队，那么我敢打赌你反对对方球队。赢得冠军当然重要，但当你和竞争对手在赛场相遇，就不只是输赢的问题了。

最好的敌人通常是你试图根除或改变的对象。妇女庇护所的负责人致力于终结家庭暴力。如果开办一家财富管理机构，那么你可能在努力改变人们的投资方式、减少糟糕的财务决策。

领导者越是能把支持和反对的要点诠释得强烈而有感染力，团队越认同，那么就越好带领。

此外，与任何伟大征途的领导者一样，你必须努力做到身先士卒。你必须愿意承受攻击。让人们看到听到，你愿意庇护自己的团队，保护他们免受批评、免遭伤害，让他们远离搞破坏的人。

领导者的光环越大，责任就越大。

真诚谦逊

如果你是一个骗子或伪君子，团队成员可能不会说出来，但他们心里明白。

说到领导力，最重要的就是要讲真话。人们可以接受你不是完美的。然而，没人会接受你不诚实。当你犯了错误，不要试图掩盖。要承认错误。

当你简单地说："我犯了错。对不起，下次我会做得更好。"你会惊讶地发现人们因此更加爱戴你了。

当你可以对自己的表现诚实，就可以也对别人的表现诚实。如果你对自己都不真诚，那么很难营造出开放的氛围。

类似地，当下属犯了无心之失，不妨表达同情，因为没有人不犯错误。

打造组织文化

人们会被整体的环境吸引，他们想要一种明确界定使命、目标和预期的组织文化。

精心设计的组织文化会考虑到人的全部六个基本需求以及如何满足这些需求。组织文化能够培育确定性、爱和成长。认可和贡献意识能提高士气和目标感。

组织文化至关重要，因为好的文化可以让每个人都能在当下施展自己独特的天赋，与此同时保持对未来的聚焦。健康的文化也重视透明度：欢迎提问，不怕质疑。

最好的公司创造文化，因为领导者知道这样有助于招聘到最好的员工。有才华的员工会被文化优秀的企业吸引，因为他们知道有现成的工具和资源可以帮助自己在没有消极打扰的情况下蓬勃发展。

为成功提供必需的资源

上了战场但感觉手里没有足够的武器弹药，没有什么比这种感觉更糟糕了。

作为一名领导者，你有责任为将士提供适合的装备，让他们充满信心地应对你布置的挑战。如果你让团队不得不为物资短缺担忧，就已经处于明显的劣势。

为团队提供必需的资源，是在要求他们为你冲锋陷阵之前你必须先打的一仗。这不是一锤子买卖，需要成为组织文化的一部分，是一个持续的过程。

资源不仅仅是指培训、指导、原料、设备、工具和充足的预算。你还必须努力满足人们的基本需求。当你明白某些员工需要确定性、认可或成长机会，于是采取措施满足这些需求时，你就是在为员工提供重要的资源。

还有，问问自己，要成为一个高效能领导者，你需要哪些资源。作为 CEO、家长、教练，或是在其他任何职位上，你都需要确保重视自己的资源和基本需求。如果你工作时不在最佳状态，那么也会损害自己的效率。

倡导一项事业

本书的读者中有许多人想要的不仅仅是成为一名优秀的领导者。你想倡导一项事业。你想开创深远的改变。

提醒一下，人们不一定总是要相信你说的话。人们只需要相信，你对自己说的话深信不疑。然而，你需要在努力过程中坚持不懈、不厌其烦地重复，热情展示自己的梦想。

倡导一项事业是雄心勃勃的庞大工程。强大的领导者必须让人们看到自己包含在那个梦想中，要识别每个人的独特天赋、满足人们的基本需求并树立一个鼓舞人心的榜样，这样才有机会收获喜人的成果。

倡导一项事业需要时间。但是，如果在起步阶段没能打造一个坚实基础、用上手头最好的资源，你倡导的事业就会像茅草屋一样弱不禁风。

成为“多一个”的领导者绝非易事。然而，当你学会用好这些领导力原则，假以时日，不仅可以推动自己的人生走向巅峰，也能一起提升团队成员的人生。

17

第17章
多一度平静

在刺激和反应之间，存在一个空间。在那个空间中，我们有力量选择自己如何反应。而我们的反应展现了我们的成长和自由。

——维克多·弗兰克尔（Victor E. Frankl），神经学家、临床心理学家，大屠杀幸存者

要过一种幸福的生活，务必要寻求平静的心态。

简单地说，平静就是在一个充满压力的世界中获得安宁，内心平和。但其实远不止这些。平静是一种安静无声的黏合剂，支撑着本书中的许多其他观点。你必须带着一种进阶的平静状态，才能达到那些策略的最高境界。

我是平静的强烈拥趸。而且我认为你也应当做平静的拥护者。

平静的本质

“equanimity”（平静）一词源于拉丁语 aquanimitas（有平稳的头脑），由 aequus（平稳）和 animus(头脑 / 灵魂）组合而成。

寻求平稳的头脑和灵魂是一种低调的美德。人们终其一生寻求内心平静，其中也包括我。我一生都在努力寻求平静。对我来说，在压力不大的情况下更容易找到平静。然而，当我能在压力爆棚时唤起心中的平静，其实更有价值。通过更好地理解平静是什么，并付诸实践，我的成功之路用时更少却收获更大，也更加充实。

先从以下这个事实谈起。

生活中发生的绝大多数事情都超出我们的掌控。我们可以创造梦想，可以制定标准和目标，可以用十几种不同的方式调整思想、改善行动。但我们做不到控制结果，即使已经竭尽全力也不行。许多人对此的本能反应是失望、沮丧、绝望和愤怒。每个人都不可避免地在某个时刻受到这些感觉的影响。但是，如果你能了解更多其他的方法去调节大脑，调整自己对外界力量和外部结果的反应，会怎么样呢？如果不让挫折对你产生负面影响呢？如果你超越了糟糕的结果，进入一种积极理性的心理状态，不受这些挫折的影响，又会怎样呢？

这就是平静的本质。

当面对一个困难的局面，比如令人紧张的通话、差劲的会议、财务挫折或是人际关系的挑战，即使在其他人无法平静的时候，最出色的高成就者也能保持平静。为什么有些人能在关键时刻改善状态，而其他人只会萎靡不振？平静的心态是高成就者与普通人之间无形的分隔线。

这样想吧。很多棒球投手在第一局垒上没有人的时候，很容易把击球手击出；相对而言，第九局时垒上挤满了人，迎战全垒打水平的击球手就没那么容易了。在一场周四的高尔夫巡回赛中，球手可以整场不断地推杆进球。然而，在周日的比赛上，当面对第 18 洞 20 英尺（约等于 6.1 米）远一个决定胜负的球，有多少人能以平静的心态挥杆？当你在恋爱中遇到了难题，如果不想因为说错话导致自己 10 秒钟之后就得收拾东西走人，那么你能平静下来好好说话调节气氛吗？

大多数时候，每个人都能做到一定程度的平静。但他们与高成就者的一大区别是，高成就者能在最迫切的时候保持平静。

平静作为一种精神哲学，是人类的一大深层支柱。这是一种精神信仰，几个世纪以来一直被教导和赞扬。认识到数千年来平静如何融入人类社会，是很有必要的。随后，我们来深入探究平静的各个要素。

平静的要素

应当瞄准“多一个”更高层次的平静，说起来容易，弄明白要怎么做到就是另外一回事了。像应对任何挑战一样，我们首先要把“平静”这个大概念拆解。这样看起来更清晰更简单，而且更容易把“平静”作为一个整体接受。

当你在研究“平静”及其与信仰和宗教的关联时，其中的一些要素可能会让你产生共鸣。我会给出一些总体原则，但如何以一种对你来说最有意义的方式来实现你的平静，由你决定。

以下是几个需要考虑的关键点：

- **平静是指你在应对生活挑战时找到心灵的宁静**。麻烦事层出不穷，这就是生活，无法逃避。虽然我们无法控制外界的力量，但可以留意自己的想法和对外界的反应。
- 这种觉知让我们的头脑安静下来。心灵的宁静是指，接受有些事情就是我们无法改变的。找到心灵的宁静需要练习。追求平静的冥想需要你有意识地放下对事物的偏好和排斥。你的行为应当更多由价值观和品德引导，而不要被欲望误导。欲望是对情绪的被动反应，无论那个情绪是积极的还是消极的。
- **平静意味着要认识到无常**。不管你的生活中此刻发生了什么，都不会永远持续下去。生活充满了变化和无常。当你认识到这一点，就会明白好日子和坏日子都是生活的插曲。
- 执着于好的或坏的，只会带来痛苦。人们很容易理解为什么坚持不好的东西会产生痛苦。但也要认识到，当你对美好的东西紧抓不放时，美好的消逝也可能成为痛苦的来源。平静是一种关于去除对永恒的执念、消除与永恒相关的痛苦的力量。平静创造了一个觉知的空间，容纳每一个外部刺激来来去去。想法只是想法。声音只是声音。人只是在做自己。事情也只是事情。

- **平静提醒我们自己的渺小**。我们常常太过关注自己。当我们能够领悟到自己只是浩瀚人类世界的沧海一粟时，就能从自己给自己施加的压力中解放出来了。
- 当我们正确看待恐惧时，恐惧就会减少。不要像现在这样一个劲地逃避痛苦、避免指责、厌恶损失。要接受我们自己的状态，多一点心平气和，努力保持生活的平衡。平静就是放下。如果生活中的挑战或挫折太沉重，那就把它放下。随它去吧。学会从消极的信念、怨恨、痛苦和伤害中解脱出来。
- **佛陀所宣扬的四圣谛之一就是——执着乃痛苦的根源**。对欲望的执着，或是执着于不要拥有某物，两者都会造成焦虑和恐惧。把这两样都放手吧，接纳进入你生活中的一切，好的和坏的都接受，把自己从执念的牢笼中解放出来。

  20 世纪有一位泰国僧人阿姜查（Ajahn Chah），很好地总结了这一点，他说："如果你放手一点点，就会拥有一点点的平静。如果你能放下很多，就会拥有很多的平静。如果能彻底放下，你将拥有彻底的平静。"
- **平静拥抱变化**。不要墨守成规，要认识到你的未来就蕴含在变化的风中。变化是不可避免的，接纳变化会带来内心的平和。对抗变化就是浪费时间。

这些概念只是触及了"什么是平静"这个议题的皮毛。如果有兴趣，我强烈建议你深入挖掘。关于平静，以及在许多文化和宗教中平静如何起到了修复、稳定的作用，有大量的相关论述和著作。对平静越了解，你就越有更大的潜力在生活中获得“多一个”层级的平静。

作为进阶探索的内容，看看世间八风是一个很好的开始。

世间八风

佛教发现人们生活中存在四组对立状态，称之为“世间八风”，亦称为“世间八法”。它们以各种各样的标签出现，但通常认为是以下这些：

- 乐与苦
- 称与讥
- 利与衰
- 誉与毁

平静的目标是减少八风对你思想的影响，这些影响每天都在不同程度地发生。世间八风的现实例子可能是：

- 疯狂地坠入爱河，却发现爱人欺骗了我们。
- 成功令人兴奋，但也会使人傲慢。
- 在工作中得到了很大的晋升，但六个月后公司宣布破产。
- 全力支持某个体育明星或知名音乐家，却得知那个人有严重的作风问题、犯罪经历，或是意外去世，比如科比·布莱恩特①。

我们必须平衡好与坏，那么当我们发现好消息的时候也明白它不是永久的。我们要接受，这个世界总会随着时间的推移取得平衡。这样，当我们对事物做出反应时，既不会兴奋过头也不会意志消沉。这并不是说，当好事发生时我们不应该感到幸福快乐。我们只是需要有正确的心态。平静可以让我们做到这一点。

如果没有良好的心态管控能力，反反复复的情绪会令人筋疲力尽。我们的目标是彻底的心平气和。我们偶尔达到过那种境界，但因为追求平静是一项终生的事业，我们必须在前进的路上不断改进方法、修正方向。

世间八风都是我们的老师。从精神世界的角度来看，生命需要全部的八风。如果一对组合中少了一半，那另一半就不复存在或失去意义。然而，对世间八风太过沉迷，也会被看作实现心灵平静的一个障碍。太过沉迷会造成情绪的不稳定。

平静的心试图在每对组合中开辟出一条中庸之道，不会太过偏向任何一方。平静的心接纳每一股风的实相，却不跟从。要认识到，八风不是永久的，要灵活应对变化。

所有这些哲学思想都很好。然而，你必须选择现在和将来要与平静保持何种关系。

---

① 科比·布莱恩特（Kobe Bryant），美国著名篮球运动员，2020年因直升机事故遇难。

你与平静的关系

说到平静的心态，一般可以把人分为四大类：

- 积极进取，心平气和
- 积极进取，心浮气躁
- 消极被动，心平气和
- 消极被动，心浮气躁

其中，只有一种理想状态是你应该瞄准的：积极进取，心平气和。

如果你消极被动，心态平静不会有什么帮助，只会变成你头脑中唠叨的提醒：你太悠闲太平静了，所以一事无成。生活需要适度的执着。你不需要对什么事都全情投入，但人这一辈子总得干成一些事。

本章开头提到过，我对待生活也做不到总是心平气和。我承认自己以前是个猛打猛冲的人，失去了生活的平衡，而我当时甚至毫无觉察。当然，我做成了一些事，赚到了不少钱。但是我付出了超过实际需要的高昂代价，因为那些年我没有做到心态平和。通往平静的旅程不是一蹴而就的。我得到的教训是，在思想上和行动上需要长年保持有意识有觉察的状态。

“多一个”的思考者还要明白，平静不是永恒的。平静转瞬即逝，会随着生活中各种挑战的发生而来来去去。每一天、每个时刻，你心中平静的程度都在起伏变化。我希望能确保你不再像我当年那样在生活中缺少足够的平静。尽快找到内心的平静和安宁吧。

你与平静的关系是一种强大的力量，可以使人生中许多其他的美好梦想成真。

18

第 18 章
最后的多一个

从开始写作本书以来，我已经有了很多的顿悟。其中有一个最为突出。

我意识到，我的生活哲学和商业哲学来自父亲对我的影响，他的名字是小爱德华·约瑟夫·米雷（Edward Joseph Mylett, Jr.），他是我心目中的英雄。

我相信人是可以改变的，我之所以投身这个领域想帮助人们过得更好，是因为我最深爱最仰慕的那个男人就是这样做的。

虽然我已经分享过一些自己的事情，但没有哪个比这一章——“最后的多一个”——更重要，也更难写。亲眼看着生命中最亲近的人以某种方式生活，然后在面对“最后的多一个”的机会时拼尽全力做出了深刻的改变，这不仅改变了他，也改变了我。

这个故事是关于，我父亲如何通过他的人生经历教给我一个最宝贵的经验教训。

我相信，你肯定也会从中有所收获。

• • •

“最后的多一个”故事从这里开始。

我父亲是职业银行家，他工作勤奋，从未耽误过一天的工作。

他也是个酒鬼，在我 15 岁之前一直酗酒。

酒精成瘾让他付出了惨痛的代价，同时也连累他所爱的人付出了沉重的代价。

他的内心战火纷飞，我们成了连带受害者。虽然我们一家人非常爱彼此，但他的酗酒问题让全家人都感到焦虑和担忧。我知道父亲想摆脱酗酒问题，但同时看着他每天都在挣扎，我很难过。

讽刺的是，我会告诉你，他酗酒这段经历对我是有意义的，但不是令我获益。

甚至更讽刺的是，父亲酗酒的经历对他自己也是有意义的，却不是令他自己获益。那是因为，经由这段康复的过程，父亲最终找到了自己人生真正的使命。

之所以说他酗酒对我有意义，是因为我沿用至今的大部分技能，都来源于成长过程中有一个酗酒的父亲。

例如，当我还是个小男孩的时候，就学会了读懂肢体语言、说话声调和面部表情。我最早学会这些，是通过父亲下班回家时判断他的状态——爸爸今天是清醒慈爱的吗？还是醉醺醺不省人事的？

我非常熟练，可以通过父亲把钥匙插进门锁的动作判断他的状态。如果他挣扎摸索着把钥匙插进锁孔里，我就知道他喝酒了。相反，如果钥匙很顺利滑进锁孔，我也知道那代表什么意思。

父亲进门之后，我就留心他说话和走路的样子，他的肢体语言、举止和态度。我总是在猜测，是应该躲着他直到他上床睡觉，还是应该出去和他到后院玩传球游戏。

一个八岁的孩子，对这些学得很快，而且学得很好，因为这是让家庭生活愉快的必备技能。

虽然父亲本质上是个心地善良的人，但当他喝了酒就像变了一个人。很多次，他不仅在情感上对我们冷淡疏远，而且人也时不时地不见踪影。有时他几天几夜都不回家，我们都知道原因是什么。

尽管有这样的烦恼，父亲还是我最好的朋友，我很尊敬他，他是我的英雄、知己、顾问，也是我最信任的人。他让我和三个姐妹觉得自己很特别，我们也都觉得他是个很特别的人。

尽管家家有本难念的经，我知道许多人都有与我和我的姐妹们类似的经历。

每个男孩在小时候，一开始都认为他的父亲是完美的、不会做错事的人。然而遗憾的是，父亲也是人，一路走来也会犯错，这是生活的本质。我现在也是一个父亲，我当然知道自己也犯过错。

但当你还是个小男孩的时候，而且你像我小时候那样敬畏自己的父亲，你就会欣喜地让父亲成为你的英雄，而忽略了那些错误和不完美。

然而，我尊敬父亲并不是因为他是完美的。事实上，情况恰恰相反。是他改正自己错误和缺点的能力，让我眼中的父亲更加不平凡。

我从来不知道父亲为什么会酗酒，而且我认为家里没有人弄得清楚他酒精成瘾的原因。

• • •

每个人都会遇到困难、挑战和悲惨的事情，意思就是，生活中这些事情早晚都会发生到你头上。不管你喜不喜欢，时钟会走完，再多的祈祷、许愿和乞求都无法改变这一必然性。

宇宙不变的法则之一是，任何事物都有一个有效期。

让我们沉下心来好好想想。

迟早，一切都会结束。

无论你是谁，无论你正在经历什么，变化终会降临。这不是故意要让你沮丧，而是为了让你产生一种紧迫感。这也是为了提醒你，事情的发生对你有意义，却不总是能够令你受益。

在一生中你会有几次到达了某段旅程的终点，你会面对“最后的多一个”。在这些时刻，你做出的选择基于你的性格，会改变你的人生轨迹。

当意识到人在地球上的日子是有限的，你的世界就会改变。许多人比旁人更早地意识到这一点。有些人虽然敏锐地意识到了这一点，却无法挣脱自己铸造成型的沉重枷锁。

在某个时刻，我们都被“最后的多一个”联系在一起，无法逃避。所以，我们必须学会用最好的方式去面对它。

在那样的日子到来之前，学会用你所知道的最好的方式生活吧。

你无法停止或减慢时间的进程，也不能阻挡变化的脚步。你能做的就是把现在所拥有的充分利用起来。通过这种方式，你可以有意识地引导自己的命运，让生活少一点负担、遗憾、愤怒和悲伤。

而且，没错，这并不容易。

改变总是不容易的。

● ● ●

我 15 岁那年，爸爸面临着他此生最重大也是“最后的多一个”机会，妈妈给他下了最后通牒。

她告诉爸爸：“要么戒酒，要么离开这个家。你没有其他机会了。”

我永远不会忘记爸爸在面对这件事的时候对我说的话。

“艾德，我要离开一段时间，我要去戒酒。等我回来的时候，会变成你和姐妹们值得拥有的好爸爸，变成配得上你妈妈的好丈夫。”

这句话我以前听过，我非常想要相信他。所以，我问他：“这次会有什么不同？”

以前我从没见过爸爸哭，但那天，他含着眼泪说：“我只有一次机会了，艾德。”

最后一次机会。

我的父亲把这些话铭记于心。他曾在酒瘾中挣扎，也曾多次试图戒酒。而现在这个赌注太大了，他不能再失败了。

想与大家分享我从中得到的教训。

把强烈的情感因素与你的目标事件联系起来，是你要全力以赴克服困难实现改变的关键原因。

改变现状的理由必须压倒性地比你面临的阻碍更重要，这样相比之下那些阻碍就显得微不足道了。如果一个人有足够强大的理由去改变，那么他就会有能力做出改变。

经常有人问我在哪里可以找到改变的理由。

答案近在眼前，看看你的梦想和你生命中最重要的人。

对我父亲来说，戒酒并保持清醒的难度，远远不如促使他改变的原因那么重要。如果不改变，他可能会失去家庭。对他这样一个爱家顾家的男人，没有什么是比失去家庭更大的损失了。

在戒酒之前，父亲辜负了自己的能力，没有尽全力去生活。

他早就知道的。他也知道自己必须改变。而且他做到了。

• • •

父亲戒酒后并没有去向外寻求救赎。而这恰恰是他的发现。

他的救赎，有一部分已经显露在本书的字里行间。虽然这本书是我写的，但你读到的这些文字都是我与父亲共同拥有的思想遗产。

经常有人问我，当初是如何走上助人的事业的。

这并非偶然，是因为我父亲。

“多一个的力量”是父亲对我影响的直接结果。他戒酒后决心奉献一生去帮助别人。他的决心也在我身上有所反映，让我想要去帮助别人。

经过在匿名戒酒互助社的努力，我父亲抱持了“活出多一天的清醒”的理念，这是匿名戒酒互助社的核心口号。事实上，后来这句话成了他生活的首要前提。

如果你从来没有对抗过任何成瘾问题，那么这个理念听起来好像是一件不费力的小事。但在酗酒者的世界里，每次能多一天保持清醒，就意味着一切。

一旦做出承诺，我父亲就不只是努力在他生命中的每一天保持清醒，而是努力在他生命中“多一天”保持清醒。每次一天，积少成多，直到几天变成了几周和几个月，最终变成了好几年。这种心态上的差别对戒酒者至关重要。

如果在读这篇文章的你，正在考虑放弃你的梦想、创业项目，或是任何对你来说很重要的事情，不要给自己太大压力说一定要在五年十年内或者用尽余生去实现这个目标。相反，考虑再坚持“多一天”。

每次多走一小步。要让你坚持不放弃的目标易于管理、更容易实现。你需要做的就是熬过今天。明天，你可以重新开始，用“最后的多一个”的心态去打赢这场战斗。

在最黑暗最艰难的时刻，我知道会有许多人想着放弃算了。当这些想法冒出来的时候，就再多坚持一天。

再坚持“多一天”不放弃。

前面提过，在很长一段时间里，我并没有完全意识到我人生的全部前提来自父亲，来自他屡次戒酒的努力，以及他对“最后的多一个”的信念。但他就是这样度过了人生最后的35年。

“最后的多一个”是这本书里最重要的一课，因此值得反复强调。

• • •

我父亲患有慢性阻塞性肺病（COPD）好几年了，但大部分时间他仍然能够行动自如。然而有一天，他开始在打高尔夫球时显得很吃力。

一个月后，他被诊断出脂肪肉瘤，这是一种发生在脂肪组织中的罕见癌症，可以出现在身体的任何部位。不久之后，父亲接受了手术，手术持续了12小时，切除了在胸部的一个足球大小的肿瘤。

在随后的手术、化疗、放疗、药物治疗和其他治疗中，他没抱怨过一句。他对我们隐瞒病情的严重性。他知道，如果让我们知道他有多痛苦，我们会很难过。

我父亲与癌症病魔斗争了九年，直到2020年10月30日死于相关的呼吸道并发症。不到一年之后，我写下这本书。父亲去世时72岁。

在我的生活中，父亲曾经存在的地方如今变成了破碎的空虚。我对他的思念无人能及，身边没有父亲的生活至今还令我难受、挣扎。我渴望与父亲对话，我怀念父子共度的时光。

虽然我希望父亲离世在我生命中留下的空洞会随着时间逐渐愈合，但在内心深处，我知道余生的每一天我都会继续思念他。

时间的魔力在于它能让我们治愈和反思，这正是父亲去世后我做的事情。这个过程还在持续，但我已经能够对父亲的人生及我们所有人如何从中吸取重要的教训，得出一些看法。这些都是源自小爱德华·约瑟夫·米雷的人生经历，以及他留下的影响。

• • •

关于“最后的多一个”，我希望你了解以下三点：

（1）尽可能地把“最后的多一个”作为你的生活准则。

（2）当你把每一天都当作一次新生，“最后的多一个”就会达到最佳效果。

（3）要明白，“最后的多一个”永远不嫌太迟。

当你尽可能地把“最后的多一个”作为生活准则，就会以高度的紧迫感对待生活。

假如只允许你与心爱的人最后再跳一支舞，会怎么样？假如你和孩子只有最后一次聊天机会，你会对他们说什么，又会怎么说呢？假如只有最后一次机会对爱人倾诉衷肠，想想你的生活会有什么改变。

想想看，如果你像我父亲那样，面对最后的一次机会去做父母、做兄弟、做孩子或是与自己一直仰慕的人做朋友，你会怎么做？当你以“最后的多一个”的心态对待生活，人生的优先顺序就变得清晰了。你对上天的馈赠更加心怀感激，也更加尊重和珍惜时间。

而且，你会成为一个更好的人。

我要讲一个最棒的例子，关于“最后的多一个”如何影响了我和父亲的关系。

父亲和我都喜欢打高尔夫球。在我年轻的时候，我们会去加利福尼亚州奇诺市的埃尔普拉多高尔夫球场打球。那里成了我们的避风港，一个可以放松、欢笑、分享想法和讨论问题的地方。

我们对时事政治进行了热烈的讨论。我们还探讨灵性、生命的意义，谈论他的孩子们和孙子孙女。安静下来的时候，他会反思一些人生遗憾，主要是关于那些没能抓住的机会。

虽然父亲为我感到骄傲，但他总是强调，不管我在商业上的成就多么出色，他都希望我明白与家人和朋友的关系才是最重要的。他根本不在乎我拥有多少房产、财富或其他成功标签。相反，他更关心我是一个什么样的人、我如何待人、我对这个世界有什么影响，以及我的生活是否正派。

父亲的这种价值观，至今仍是他留给我的最重要的教导，让我直到今天依然保持脚踏实地。

我们的交谈很深入。多年以来，他成了那个唯一了解我一切的人。即使在我快 50 岁的时候，他也是我需要建议时首先会想到的人。事实上，我只会向我的父亲征求建议。每当有什么事情发生，不管是好是坏，我第一个打电话要找的人就是他。

随着事业起飞，我开始享受到一些成功的滋味，我想给父亲送一件礼物，那就是在世界上最好的球场之一打高尔夫球。

所以，之后的很多年圣诞节假期，我们两个都会去圆石滩共度一年一度的父子高尔夫之旅。这是我对父亲的小小感谢，感谢他给予我的一切。而那些父子时光成为我生命中最有意义的时刻。

无论是在埃尔普拉多还是在圆石滩，这些旅行与其说是为了打高尔夫球，不如说是为了父子相聚。我们可以做些很放松的事情，比如钓鱼、开老爷车、看球赛或是任何父子俩共同喜欢的事情。

虽然我已经长大成人，但我还是像以前一样需要父亲。我自己做父亲时也遇到过挑战，而我的父亲给了我明智的忠告，让我在需要人生建议时有处可去，这是只有父亲才能做到的事。

父亲的很多事情都让我怀念，我尤其怀念那些高尔夫旅行。我以前一直觉得那些旅行非常重要，现在父亲去世了，那些经历有了新一层意义。别搞错了，我怀念的不是打高尔夫球。我怀念的是和父亲在一起的时光，那些我们共度的时光。

我愿意付出一切，只为和父亲最后再多打一次高尔夫球。

• • •

很多时候，我还是无法相信他已经离开我了。

父亲去世几个月后，我面对几千人做了一场演讲，我迫不及待地想走下讲台给父亲打电话。像过去的聊天一样，我会很兴奋地回顾哪里进展顺利、哪些地方还可以做得更好。

我独自在后台站着直到心情平复，我知道我不能再像从前那样给父亲打电话了。

自从父亲去世，我说不清楚有过多少次和那天一样的冲动和难受。但我可以肯定地告诉你，“最后的多一个”在我生活各个部分的含义变得前所未有地清晰。

本书最值得你记住的内容，就是我现在说的这些：如果你遇到了生命中非常重要的人，开始用“最后的多一个”的心态和他们相处吧。珍惜你们在一起的每个时刻好好生活，让他们骄傲，也让你自己幸福。

别等了！

如果我父亲以为这本书是关于他的，那他会挺尴尬的。看在他和我的分儿上，不是那样的。这本书是关于你和你的家人、你的灵魂、你与他人的关系以及你正在创造的遗产的。

我只是用我和父亲的关系来帮助你理解，为什么你迫切需要把“最后的多一个”作为生活准则：这种心态可以让你实现自己的理想生活。

• • •

我想让你明白的第二件事情是，要充分珍惜“最后的多一个”，把每一天都当作一次新生。

没有人能保证未来。

你或你关心的人可能这一秒还在，下一秒就走了。

你活着的每一秒都是福气，要怀着无上的感恩好好对待生活。学会欣赏身边的事物，无论大小，感激老天带进你生命中的那些人。

把拖累你的人和想法都丢掉吧。当你把那些事情放下，才会替换成那些本该属于你的机会和关系。随着过去的事被抛开，你的优先次序也会改变。太多人陷入记忆的流沙，淹没在不必要的内疚、愤怒和愚蠢的怨恨中，这样只会伤害自己。

相反，早上醒来时，你要告诉自己：“我活着的每一天，都是重生。”

当你放下过去，就为此时此地创造了空间。“最后的多一次”在本质上是稍纵即逝的，你可以把对它的能量和热情带入生活中。你可以把精力直接放在重要的事情上，不必在那些损害内心幸福、破坏你与他人关系的事情上浪费时间。

当你把每一天都当作一次重生，就会从对你有益的事情中找到更多的幸福和乐趣。即使你不得不与某人进行最后一次对话、在告别前最后一次拥抱或者在心爱的人离开前跳最后一支舞，你都可以保持头脑清爽，摆脱那些阻碍你好好生活的精神垃圾。

别被那些垃圾拖累，毁了今天。反过来，抛开阻碍，继续做重要的事情吧。

● ● ●

第三件也是最后一件要了解的事情是，“最后的多一个”永远不会太晚。

父亲去世后，我在收拾他的遗物时偶然发现了几张记事卡。这些卡片上潦草地写着像“1–4，JL”和“1–3，PT”这样的代码。有的卡片散落在盥洗台上，有的贴在浴室镜子上。这些代码是日期和人名首字母，总共有好几百张。

我很快就弄清楚了，这些卡片每一张都代表一个人，他们曾经在我父亲的帮助下戒酒，上面的日期则是那个人戒酒成功的周年纪念日。

接下来是最了不起的地方。每到那天，父亲都会给那个人打电话，祝他戒酒成功周年快乐，向他表示祝贺。父亲给他们的信息很简单：只要保持清醒多一天，就很好。

他每年都会几百次打出这样的电话。每一年。包括他生命的最后几天也没停下。

即使他吸着氧、呼吸困难、几乎说不出话来，他仍然摸索着给记事卡上的人打电话。即使剧烈的病痛令他备受折磨，他知道自己不久就要离开人世，他还想再帮助“最后的多一个”的人。

没人在旁边看着。他就算没打电话也没人会知道。然而，因为我的父亲在践行“多一个”的生活准则，所以这对他来说是“最后的多一个”帮助别人的机会。最终，父亲“最后的多一个”是给又一个需要帮助的人打了电话，电话打完没多久他就去世了。

我为父亲感到无比骄傲。他安静、善良、谦逊的姿态是我为他人服务的榜样，我永远比不上他。

现在你知道了，为什么我也把尽可能帮助更多人作为我真诚的使命。

我这么做是为了向父亲致敬。

曾经他差点失去家庭和他为之奋斗的一切。重新回归之后，父亲找到了他的人生目标和救赎。他充分抓住了手中“最后的多一个”的机会。肉体会死去，我们都会在某个时刻离开这个地球。但父亲留下的“最后的多一个”的精神遗产将永存于世。

我们都是如此幸运，能把自己的生活过得那么好。

• • •

如果你和心爱的人之间关系出现了挑战，想办法把分歧放在一边吧。

你根本不知道接下来会发生什么。

当你发自内心地把“最后的多一个”作为人生优先事项，不仅会减轻他人的负担，也卸掉了自己的人生枷锁。

看着父亲咽下最后一口气，我突然意识到，总有一天我们都会面对自己的“最后的多一个”。

我们在地球上的最后一年。

最后一个月，最后一个星期，最后一天。

我们的最后一小时

猝不及防地，我们最后的呼吸。

你不能控制结局，但可以控制中间的故事。

我在本书中揭示的这些关于“多一个”的策略，在很大程度上可以塑造你的能力、帮你活出最好的自己。这些思想和行动将构建你的人生故事。所以，当生命的最后时刻来临时，你会为自己的人生感到骄傲。

不要等着“最后的多一个”的机会来找你。

带着紧迫感和目的性去主动追求吧。

当你主动追求的时候，将会解锁你能学到的最有难度也是最精华的“多一个”功课。

在追求“多一个”的过程中，你可能恰好就解开了生活本身的奥秘。

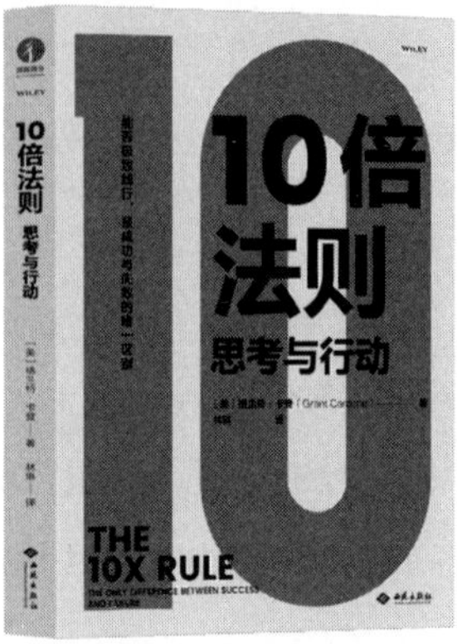

《10 倍法则：思考与行动》

ISBN：978-7-5151-0873-5
定 价：59.00 元

能否极致践行，是成功与失败的唯一区别！
不设限的人生没有天花板！

《人生谢幕，谁人泪别？》

ISBN：978-7-80768-446-6
定 价：59.00 元

找到自己的使命，专注当下
活得充实，死亦喜乐

《卖掉法拉利的高僧》

ISBN：978-7-80768-445-9
定 价：59.00 元

重新审视自我
为人生中的重要问题找到答案